KB151636

소수와 리만 가설

질서와 패턴을 찾고자 하는 이들의 궁극적 도전 대상

소수와 리만가설

질서와 패턴을 찾고자 하는 이들의 궁극적 도전 대상

배리 메이저 · 윌리엄 스타인 지음 | 권혜승 옮김

승산

미디어 서평

비범하며 다시없을 훌륭한 책이다. 메이저와 스타인은 이 분야 최고의 전문가이지만, 대학생이나 호기심 많은 아마추어도 읽을 만한 책을 만들기 위해, 수학 기호는 가능하면 줄이고 우아하고 시사적인 그림을 최대한 많이 사용하여 강렬한 아이디어들을 알기 쉽게 설명했다. 두 사람은 이 책을 통해 이 전설적인 문제가 왜 그토록 아름다운지, 왜 어려운지, 그리고 왜 당신이 관심을 가져야 하는지 이야기한다.

_윌 허스트(Will Hearst, 허스트사)

이 책은 비행의 경험을 선사한다. 가장 단순한 아이디어에서 시작해서 가장 심오한 미해결 문제 중 하나를 음미하며 끝맺는다. 수학사의 흥미로운 일화로 부풀린 많은 수학 대중서와 달리, 두 저자는 이 책의 독자들을 소수에 더 진지한 관심을 가진 사람으로 대한다. 네 단계에 걸쳐 수학의 깊이를 더해가는 과정에서는, 독자의 이해를 돕기 위해 눈을 뗄 수 없을 정도로 매력적이고 심오한 방식으로 숨어 있는 **소수의 음악**을 담은 그림들을 활용한다. 당신이 한번이라도 왜 그렇게 많은 수학자들이 소수에 빠져드는지 궁금한 적이 있었다면, 여기 그 진짜 이야기가 있다.

_데이비드 멈포드(David Mumford, 브라운 대학교)

아마존 독자 서평

리만 가설을 다룬 몇 권의 책이 일반 대중을 대상으로 출간되었다. 존 더비셔(2003), 마커스 드 사토이(2003), 칼 사바(2003), 댄 락모어(2005), 매튜 왓킨스(2015), 판 데르 빈과 판 데르 크랏츠(2015), 그리고 이제 메이저-스타인(2016). 수학자들을 위한 책으로 닐 코블리츠(1977), 해롤드 에드워즈(2001), 제프리 스토플(2003) 등이 더 있다. 좀 더 일반적인 해설서로 코난트 상을 받은 브라이언 콘레이의 2003년 논문과 엔리코 봄비에리의 훌륭한 1992년 논문도 언급해야 할 것이다. 이는 리만 가설이라는 한 가지 주제에 대해 너무 많은 것 아닐까? 아니다. 리만 가설 같은 문제는 그에 관해 아무리 많이 쓴다 해도 (특히나 전문가들이 쓴다면) 결코 많다고 할 수 없다. 그것은 수학을 발전시키는 미해결 문제이다. 리만 가설은 수학의 모든 미해결 문제들 중 가장 시급한 것이고, 좋은 와인처럼 시간이 지나면서 점점 더 가치 있게 되었다.
두 저자 메이저와 스타인 모두 이 함수들의 해석적, 기하학적, 정수론적 측면들 간의 상호 작용을 연구하는 선도적 전문가이다. 게다가 스타인은 Sage 컴퓨터 대수 시스템을 만든 이다. 그렇다면 이 책이 갖는 차별점은 무엇일까? 이 책은 참신하면서도 짧고, 멋지고, 고무적이며, 출판사는 들였을 품에 비해 적절한 가격을 유지했다. 이 책이 당신을 완전히 사로잡을 터이니, 책을 읽는 동안 다른 계획은 잠시 접어 놓아라.

_Oliver Knill

이 책은 환상적이다. 책의 1부는 미적분학 배경지식이 전혀 없는 사람도 쉽게 이해할 수 있다. 따라서 1부의 놀라운 해설만으로도 이 책은 구입할 가치가 있다. 2부는 기초적인 미적분학만을 필요로 한다. 나머지 후반부는 복소변수 함수론에 관한 수업을 적어도 한 번 정도 수강한 학생이 읽으면 가장 좋다. 리만 가설에 관한 다시없을 훌륭한 책이다.

_Thomas J. Osler

소수와 리만 가설 사이의 관계를 상세히 풀어 쓴 훌륭한 책이다. 이 문제를 깊숙이 파고들 때 푸리에 해석학이 어떻게 사용되는지, 그리고 이 방법이 어떻게 놀랍고 경이로운 결과들을 가져왔는지 지켜보는 것이 특히나 흥미진진하다.

_Amazon Customer

리만 가설은 너무도 많은 추측들과 연관이 있다. 나는 이 책을 처음에 내 11살짜리 아이에게 소수와 리만 가설에 관한 흥미를 고취시키기 위한 자료로 구입했다. 하지만 이 짧고 훌륭한 책은 나에게 이 주제를 빠르게 보충 학습할 기회를 주었고, 전에는 미처 알지 못했던 풍부한 참고문헌들로 나를 이끌었다. 속도감 있으며 청량음료 같은 책이다. 컴퓨터 공학이나 응용수학에서 계산적인 일을 하는 누구에게나 이 책을 권한다.

_Thomas Leranth

처음으로 깊이 빠져들어 읽은 수학책이다. 20년 전 나는 자연과학을 전공하는 학부생이었다. 당시에 나는 비디오 게임에 몰두해 있었고 다변수 미적분학 수업에서 거의 낙제하다시피 했다. 푸리에 해석학에서 길을 잃기 시작한 나는, 제타함수 파트에 이르러 완벽히 미아가 되었다는 것을 깨달았다.
'리만 가설이 무엇을 말하는지 제대로 이해하겠다'는 명료한 목적을 마음에 새기고 다시 공부한 결과, 이 책은 오랜 세월 길을 잃고 헤매던 장소에서 나를 벗어나게 해 주었다. 복잡한 주제를 놀랍도록 명료하게 설명한 저자에게 감사하다. 쉽게 이해시키고자 지나치게 간략한 내용만 다루어 아쉬움을 남기는 다른 책과 달리, 이 책은 애시당초 좀 더 도전적인 사람들을 겨냥한다. 이 책이 흥미진진한 이유다.

_C.J.

이책은 얇고 간결하며, 수학에 흥미를 지닌 다양한 독자층을 노렸다. 아낌없이 제공된 삽화는 0에서 시작해서 새로운 소수가 나타날 때마다 한 칸 씩 올라가는 **소수의 계단**이 변형되고 개선되는 과정을 생생하게 보여준다. 두 저자는 총 4부 가운데 가장 긴 1부(1-24장)를 미적분학을 모르는 독자에게 할애했다. 2부는 미적분학을 아주 조금만 알면 읽을 수 있고 3부는 푸리에 해석이 필요하다. 4부는 제타함수의 심오한 핵심을 다룬다. 등장하는 삽화와 많은 계산들이 SageMath로 제작되었다. 그 덕분에 열정이 넘치는 독자들은 저자 윌리엄 스타인이 만든 이 무료 소프트웨어를 통해 책의 내용을 직접 실험해볼 수 있을 것이다.

_Edward M. Measure

소수와 리만 가설

소수는 아름답고, 신비스러우며, 매력적인 수학적 대상이다. 수학자 베른하르트 리만Bernhard Riemann은 1859년 리만 가설이라 불리는 소수에 관한 유명한 가설을 만들었으며, 이는 수학에서 가장 어렵고 가장 중요한 미해결 문제 중 하나이다. 이 책에서 저자들은 깊은 통찰력을 통해 소수를 소개하고 리만 가설을 설명한다.

최소한의 수학적 배경지식을 가진 학생과 학자 모두가 이 소수에 관한 광범위한 논의를 즐길 수 있을 것이다. 앞부분은 핵심 아이디어를 이해하기 쉽게 설명해 일반 독자의 호기심을 불러일으킨다. 이 아이디어들을 표현하는 데 사용된 풍부한 컴퓨터 그래픽은 핵심적인 개념과 현상들을 매혹적으로 자세하게 보여준다. 더 나아가 수학을 많이 공부한 독자들은 소수의 구조로 더 깊게 들어가서, 리만 가설이 스펙트럼 표현을 이용하여 푸리에 해석과 어떻게 연관되는지를 볼 수 있을 것이다. 더욱 깊고 넓은 수학적 배경지식을 가진 독자들은 이 아이디어들을 역사적으로 공식화된 리만가설의 표현들과 연관시킬 수 있을 것이다.

배리 메이저는 하버드 대학교의 게르하르트 게이드Gerhard Gade 수학과 석좌 교수이다. 그는 『허수*Imagining Numbers*』(승산, 2008)를 썼고 아포스톨로스 독시아디스Apostolos Doxiadis와 함께 『방해받은 원들: 수학과 이야기의 교차 *Circles Disturbed: The Interplay of Mathematics and Narrative*』를 공동 편집했다(또한 『프린스턴 수학 안내서*The Princeton Companion to Mathematics*』(승산, 2014)의 공동 저자이다).

윌리엄 스타인은 워싱턴 대학교의 수학과 교수이다. 『기초 정수론: 소수, 합동과 비밀: 계산적 접근법*Elementary Number Theory: Primes, Congruences, and Secrets: A Computational Approach*』의 저자인 그는 Sage 수학 소프트웨어 프로젝트의 설립자이기도 하다.

목차

머리말

리만 가설은 수학에서 위대한 미해결 문제 중 하나로, '클레이 수학 연구소Clay Mathematics Institute'는 상금 백만 달러를 걸고 이 난제를 풀 사람을 기다리고 있다. 그러나 상금의 존재 여부와는 상관없이 리만 가설의 해결은 수의 본질에 관한 우리의 이해를 높이는 데 매우 중요하다.

최근에 일반 독자를 대상으로 리만 가설을 주제로 삼은 두꺼운 책들이 여러 권 출간되었다. 이러한 책들 속에서 독자들은 리만 가설을 풀기 위해 매진했던 사람들, 또 그와 관련된 수학적, 역사적 이슈들의 풍부한 묘사를 접할 수 있을 것이다.*

그러나 지금 당신이 손에 들고 있는 이 책은 그런 책들과는 목표가 다르다. 대신 우리는 가능한 가장 직접적인 방식으로, 수학적 배경 지식은 최소한으로 요구하면서, 이 문제가 과연 무엇에 관한 것이고 또 왜 그렇게 중요한지를 설명하고자 한다. 왜냐하면 누군가가 이 '가설'이 참임

* 예를 들면 마커스 드 사토이Marcus du Sautoy의 『**소수의 음악***The Music of Primes*』(고종숙 옮김, 승산, 2007)과 존 더비셔John Derbyshire의 『**리만 가설**: 베른하르트 리만과 소수의 비밀*Prime Obsession: Bernhard Riemann and the Greatest Unsolved Problem in Mathematics*』(박병철 옮김, 승산, 2006)을 보라.

그림 0.1 피터 사르낙

을 (혹은 거짓임을!) 증명하기 전일지라도, 리만 가설이나 그 뒤에 놓인 개념들과 친숙해지는 것 자체가 흥미진진한 일이기 때문이다. 더군다나 이 가설은 광범위한 수학 분야에서 결정적으로 중요한 역할을 담당하고 있다. 예를 들면, 리만 가설은 계산 수학computational mathematics의 신뢰성을 높여주고 있다. 설사 리만 가설이 절대 증명되지 않을지라도, 그것이 참이라고 (그리고 그와 밀접하게 연관된 가설들이 참이라고) 가정함으로써, 특정 컴퓨터 프로그램을 얼마나 돌려야 할지를 추정할 수 있는 일종의 뛰어난 '감'을 가지게 되는 셈이다. 이러한 추정은 연구자들이 몇 주, 심지어 몇 달이 걸릴지도 모를 계산을 시작하는 데 필요한 확신을 준다.

여기서 프린스턴Princeton의 수학자 피터 사르낙Peter Sarnak이 리만 가설의 광범위한 영향력을 어떻게 설명하는지 살펴보자.*

"리만 가설은 정말 중요한 문제이고, 그 속에는 아주아주 많은 것들이 함축되

* 칼 사바Karl Sabbagh의 『리만 가설: 수학의 가장 위대한 미해결 문제*The Riemann hypothesis: the greatest unsolved problem in mathematics*』의 222쪽을 보라.

어 있다. 오늘날 수학계에서 리만 가설이 특출난 위치를 차지하게 된 것은, '리만 가설*을 가정하자'라고 시작한 후 환상적인 결론을 도출하는, 틀림없이 오백 개는 거뜬히 넘는 (단, 누군가 세어 보아야 할 것이다) 논문들 덕분이다. 리만 가설이 참이라면 그 '결론들'은 '정리theorem'가 될 것이다. (…) 이 한 가지를 해결함으로써 당신은 오백 개 이상의 정리를 단번에 증명한 셈이 될 것이다."

그러면 대체 무엇이 리만 가설인가? 아래 박스에 리만 가설이 무엇인지에 대한 **첫 번째 설명**을 실어 놓았다. 이 책의 목적은 박스 안에 있는 내용을 더 자세한 설명으로 발전시켜, 리만 가설의 수학적 중요성과 아름다움을 독자에게 확신시키는 것이다. 이 책 전체를 통해 리만 가설을 정확하게 공식화하는 여러 가지 다른 —하지만 동치인— 방법들을 소개할 것이다(네모 박스 속에 나타냄). 두 수학적 명제가 "동치"라는 것은, 현재의

리만 가설은 어떤 종류의 가설인가?

일견 지루해 보일 수도 있는 다음의 질문들을 생각해 보자.

- 100보다 작은 소수(2, 3, 5, 7, 11, 13, 17, 19, 23…)는 몇 개인가?
- 10,000보다 작은 소수는 몇 개인가?
- 1,000,000보다 작은 소수는 몇 개인가?

이를 일반화하여, 임의의 주어진 수 X보다 작은 소수는 몇 개인가?
150년 전, 리만은 주어진 수 X보다 작거나 같은 소수들의 개수에 대하여 놀랍도록 간단하게 서술하는 "아주 좋은 근사approximation"를 제안했다. 이제 이 **리만 가설**을 증명할 수 있다면, 수학을 풍부하고 강력하게 만들 열쇠를 얻으리라는 걸 안다. 수학자들은 이 열쇠를 간절히 찾고 있다.

* 엄밀히 말하면, 리만 가설의 일반화된 형태(뒤에 나오는 38장 참고).

그림 0.2 라울 보트(1923–2005)

수학적 지식 상태를 고려해 볼 때, 두 명제 중 어느 하나가 참이면 나머지 하나가 참임을 증명할 수 있다는 뜻이다. 미주에 관련 수학 문헌들을 첨부해 놓았다.

언젠가 수학자 라울 보트Raoul Bott가 한 학생에게 다음과 같이 조언했다. 어떤 수학책이나 논문을 읽거나 수학 강의에 들어갈 때마다, 그 글이나 강의의 중심 내용보다 더 넓은 범위의 수학적 문제에 응용될 수 있는, 무언가 아주 **구체적인** 것(작아도 되지만, **구체적인** 것이어야 한다)을 자기 것으로 만들고 집으로 돌아오는 것을 목표로 삼아야 한다고. 이 책에서 내 것으로 만들 **구체적인** 사항이 무엇일지 말해 보라면, 세 개의 핵심 단어 –**소수**, **제곱근 정확도**square-root accurate, **스펙트럼**–가 목록의 맨 앞에 놓일 것이다. 첫 번째 핵심 단어인 소수에 대하여 깊이 생각해 볼 수 있도록, 돈 자이에Don Zagier의 고전적인 12쪽짜리 설명인 「처음 오천만 개의 소수The First 50 Million Prime Numbers」에서 한 문단을 인용하는 것보다 좋은 건 없을 것이다.

그림 0.3 돈 자이에

"소수의 분포에 대하여 당신 가슴에 영원히 새겨질 만큼 분명하게 확신시키고자 하는 두 가지 사실이 있다. 첫째는 '**소수가**' 수학자들이 연구하는 것 중에서 가장 제멋대로이고 성질 고약한 대상이라는 것이다. 소수는 자연수 사이에서 마치 잡초처럼 자라고, 우연의 법칙 외에는 어떠한 다른 법칙도 따르지 않는 것처럼 보이며, 누구도 다음 소수가 어디서 불쑥 솟아날지 예측할 수 없다. 두 번째 사실은 훨씬 더 놀랍다. 왜냐하면 그것은 정확히 첫 번째 사실의 반대, 즉 **소수들이 깜짝 놀랄만한 규칙성**을 보인다고 말하기 때문이다. 소수들의 행동 양상을 지배하는 법칙이 있고, 소수들은 거의 군대처럼 정확하게 이 법칙들을 따른다."

학문으로서의 수학이 만개하고 있다. 매년 우리의 주제인 **리만 가설**의 적용을 확장하고 그 활용성을 높이는 새롭고도 짜릿한 계획들이 등장하고 있다. 이는 고전적인 영역에서뿐만 아니라 최신 수학 분야에서까지 깊은 탐구와 더 나은 이해를 위한 새로운 방향을 제시한다. 그러한 탐구 과정 속에서 점점 더 강력하게 발전하는 도구들의 도움을 받고 있다. 우리는 핵심적으로 중요한 질문들이 해결되는 것을 볼 수 있다. 그리고 이 모든 것들을 통해 놀라움과 관점의 극적인 변화, 즉 경이로움을 경험한다.

수학자들이 연구를 수행할 수 있게 해 주는 일련의 훌륭한 기법들이 있다. 바로 '**정의**'의 틀 잡기, '**구성**'하기, '**이질적인 개념들과 이질적인 수학 분야들을 연관시키는 유사성**'을 공식화하기, 수학적 진전을 이룰 추측을 깔끔한 형태의 '**가설**'로 만들기, 그리고 가장 중요한 핵심으로, 주장하는 바에 대한 난공불락의 '**증명**' 제공하기가 그 기법이다. 이런 기법을 적용한다는 아이디어 자체가 수학의 위대한 성공이다.

정수론number theory은 그 성공의 과실 가운데 제 몫을 챙겼다. 정수론은 이러한 모든 이론적 연구 방식들과 함께 수치적인 실험의 순수한 즐거움도 제공한다. 그 즐거움이란, 연구가 잘 진행될 경우, 설명을 간절히 바라는 '수'의 복잡성과 심오한 내적 연관성을 볼 수 있다는 것이다. 수치 연구가 보여주는 비밀들을 제대로 이해하는 데 실제로 알아야 할 것이 얼마나 적은지 알면 독자들은 정말 놀랄 것이다.

우리 책은 이런 즐거움들을 소개하고자 한다. 우리는 실험적 관점에서 리만 가설이라는 주제의 근본적인 개념에 접근한다. 수치 계산으로 리만 가설을 뒷받침하고, 이를 종종 그래프로 표현하였다. 그 결과, 이 책에는 그림이 아주 풍부하다. 본문에 131개의 그림과 다이어그램이 포함되어 있다.*

1부에는 수학식이 거의 없다. 앞부분은 대체로 수학적 개념에 관심이나 호기심은 있지만, 심화된 주제에 대해서는 공부해 본 적이 없는 독자들을 위해 썼다. 1부에서는 전체적으로 리만 가설의 핵심을 전달하고, 왜 리만 가설이 그렇게 열성적으로 추구됐는지를 중점적으로 설명한다. 최소한의 수학적 지식만 있어도 이해할 수 있는 부분이다. 예를 들면 미적분학은 사용하지 않았다. 그래도 **함수**function라는 개념의 의미를 알면 – 혹은 읽어 가면서 배우면– 도움이 될 것이다. 이처럼 최대한 쉽게 설명해야 한다는 한계가 있었지만, 1부가 시작, 중간, 끝을 가진다는 의미에서 그 자체로 완결성이 있다. 우리는 오직 1부만 읽는 독자라도 리만 가설이라는 수학의 중요한 부분의 매력을 느끼고 즐길 수 있기를 바란다.

2부는 배운지 오래 되었다 하더라도 미적분학 수업 하나 정도는 들었던 독자들을 위한 부분이다. 이 부분은 뒤에 등장할 푸리에 해석 유형을 이해하기 위한 대략적인 준비 과정으로, 핵심은 스펙트럼이라는 개념이다.

3부는 소수들의 위치와 **리만 스펙트럼**(이라 거기서 부를 것) 사이의 연관성을 좀 더 생생하게 보고 싶어 하는 독자들을 위한 부분이다.

4부는 복소 해석 함수를 어느 정도 알아야 이해할 수 있는 부분으로, 리만의 애초의 관점으로 돌아간다. 특히 이 관점은 3부에서 논의되는 "리만 스펙트럼"을 **리만 제타 함수**Riemann zeta function**의 자명하지 않은 영점들**nontrivial zeroes과 연관짓는다. 또한 기존 출판물에서 리만 가설을 설명하던 좀 더 표준적인 진행 방식에 대한 대략적인 개요를 덧붙였다.

미주에서는 본문 내용과 참고 문헌들의 연계성을 보여주고자 했다. 게다가 뒤로 갈수록 수학적 배경 지식이 더 많이 필요한데, 미주에서 그

* 우리는 무료 소프트웨어 SageMath를 사용하여 그림을 만들었다(http://www.sagemath.org 참고). 소스 코드 전체를 쉽게 구할 수 있으며, 이를 이 책의 모든 다이어그램을 다시 만들어 보는 데 사용할 수 있다(http://wstein.org/rh 참고). 더 모험심 강한 독자들은 데이터의 범위를 나타내는 매개변수로 실험을 해 봄으로써, 수가 어떻게 "행동하는지"에 대한 더 생생한 감각을 얻을 수 있을 것이다. 독자들에게 수치 실험을 수행해 보고픈 마음이 생기길 바란다. 이러한 수치 실험은 수학 소프트웨어가 발전함에 따라 더 쉬워지고 있다.

에 대한 더 많은 기술적 설명을 제공하려고 하였다. 미주는 [ ]로 표시해 두었다.

우리는 이 책을 십 년에 걸쳐 썼지만, 집중적으로 집필 작업을 한 건 매년 딱 일주일(8월의 한 주)뿐이었다. 매번 집필 기간의 마지막 날에 원고(실수를 포함해서 전부)를 인터넷 상에 올리고 독자들의 응답을 받았다.* 그러므로 독자들로부터 받은 수많은 중요 피드백, 수정, 요구들이 여기에 다 축적되어 있다. 특히 최종 원고를 아주 주의 깊게 읽고 교정을 봐준 마르코비치J.S. Markovitch를 포함하여, 모두에게 무한한 감사를 드린다.**

* 이 책의 구성에 대한 강의와 질의응답은 다음을 참고하라. http://library.fora.tv/2014/04/25/Riemann_Hypothesis_The_Million_Dollar_Challenge.

** Dan Asimov, Bret Benesh, Keren Binyaminov, Harald Bgeholz, Louis-Philippe Chiasson, Keith Conrad, Karl-Dieter Crisman, Nicola Dunn, Thomas Egense, Bill Gosper, Andrew Granville, Shaun Grith, Michael J. Gruber, Robert Harron, William R. Hearst III, David Jao, Fredrik Johansson, Jim Markovitch, David Mumford, James Propp, Andrew Solomon, Dennis Stein, Chris Swenson을 포함한다.

1부 리만 가설

1 고대, 중세, 현대의 수에 관한 생각들

고대 그리스의 철학자 아리스토텔레스는 초기 피타고라스 학파는 수數를 지배하는 원리가 "만물의 원리"라고 생각했다고 말했다. 그들은 고대 전통에 따른 물질의 네 가지 구성 요소였던 **흙, 공기, 불, 물**보다 **수**라는 개념이 더 근본적이라고 생각했다. 수에 대한 고찰은 "무엇(what is)"이라는 구조에 가까이 다가가는 것이었다. 그러면, 수에 대한 생각에 있어서 우리는 얼마나 멀리 와 있을까?

프랑스 철학자이자 수학자인 르네 데카르트René Descartes는 거의 4세기 전에, 곧 "기하학에서는 더 이상 발견할 것이 거의 없을" 거라는 희망을 표현했다. 현대 물리학자들은 최종 이론을 꿈꾼다.* 그러나 수에 관한 순수 수학은, 그것이 유서 깊은 놀라운 힘과 아름다움을 지녔음에도 불구하고, 발전 단계상에서 여전히 유아기에 머무른 듯 보인다. 탐구해야 할 수학의 깊이는 인간의 영혼만큼이나 끝이 없고, **결코** 우리는 최종 이론

* 스티븐 와인버그Steven Weinberg의 책 『최종 이론의 꿈: 자연의 최종 법칙을 찾아서*Dreams of a Final Theory: The Search for the Fundamental Laws of Nature*』(이종필 옮김, 사이언스북스, 2007) 참고.

그림 1.1 르네 데카르트(1596–1650)

에 다다를 수 없을 지도 모른다.

수는 다루기 힘든 것이다. 돈키호테는 "학사"에게 그의 아가씨 둘시네아 델 토보소Dulcinea del Toboso에게 바칠 시를 지어 달라고 부탁한다. 이때 각 행의 첫 글자를 그녀의 이름 철자대로 해 달라고 하자, 그 "학사"는 다음 사실을 알게 되었다.*

> "그런 시를 짓는 건 상당히 어려운 일이다. 그녀의 이름이 17자로 되어 있기 때문이다. 8음절의 4행시 네 개로 이루어진 카스티야 스탠자Castilian stanzas로 짓는다면 한 글자가 남게 되고, **데시마**décimas, 또는 **레돈디야**redondillas라고 불리는 형식의 8음절의 5행시 스탠자로 짓는다면 세 글자가 모자라게 된다…."

돈키호테는 "아무튼 그렇게 딱 맞아야 합니다. 당신이 어떻게 하든 간에 말입니다."라고 간청했다. 숫자 17이 어떠한 수로도 나누어떨어지

* 미겔 데 세르반테스의 『재치 있는 시골 귀족 돈키호테 데 라만차*Ingenious Gentleman Don Quixote of La Mancha*』 2부 4장 참고(여기서 학사는 등장인물 '삼손 카라스코'이다).

그림 1.2 "돈키호테와 그의 둘시네아 델 토보소". 미겔 데 세르반테스의 『라만차의 돈키호테의 역사』에서 발췌.

지 않는다는 당연한 사실을 거부하면서 말이다.

사실 17은 소수이다. 이를 더 작은 수들의 곱으로 인수 분해하는 방법은 없다. 그리고 그것이 몇몇 자연 현상에서 17이라는 수가 왜 나타나는지를 설명해 준다고 말하는 사람들도 있다. 한 예로 17년 매미들은 들판과 계곡에서 일종의 "재회"를 자축하며 17년마다 한꺼번에 모습을 드러낸다.

수에 관한 우리의 현대적 이해에서 소수가 중요한 위치를 차지함에도 불구하고, 소수는 유클리드 이전의 고대 문헌에서는 (적어도 현재까지 남아있는 문헌에서는) 특별히 사랑받지 못했다. 소수는 필롤라우스 Philolaus(플라톤의 선배)의 글에서 수의 한 종류로서 언급되었다. 소수는 플라톤의 『대화편』에서 특별하게 언급되지는 않는데, 이는 플라톤이 수학 발전에 가졌던 굉장한 관심을 생각하면 놀라운 일이다. 또한 소수는 아리스토텔레스의 글에 가끔씩 등장하는데, 이는 아리스토텔레스가 합성

그림 1.3 매미는 매 17년마다 나타난다.

수composite와 비합성수incomposite 사이의 구분을 강조했던 것을 고려하면 그다지 놀랍지 않다. 아리스토텔레스는 『형이상학*Metaphysics*』 13권에서 "비합성수는 합성수에 우선한다."라고 썼다.

소수들은 유클리드Euclid의 『원론*Elements*』에서 본격적으로 등장한다!

자연수에 관해 굉장히 풍부한 사실들이 확립되어 있다. 그러한 사실들은 소수의 아름다운 복잡성에 순수한 경외심을 불러일으킨다. 그러나 우리가 새롭고도 중요한 발견을 할 때마다 더 풍부한 질문, 경험에서 우러난 추측, 학습법, 예측, 미해결 문제들이 등장한다.

2 소수란 무엇인가?

원자atom**와 같은 소수.** 소수를 설명하기에 앞서 곱셈이라는 연산을 여러 개의 수를 함께 묶는 접착제로 생각해 보자. 식 2×3=6을 보면, 수 6을 더 작은 구성요소인 2와 3으로 만들어진 것(이를테면 분자molecule)으로 상상해 볼 수 있다. 이 과정을 뒤집어서 한 자연수, 예를 들면 6에서 시작해 보자. 이를 인수 분해해 보면(즉 더 작은 자연수들의 곱으로 표현해 보면), 결국 6=2×3에 도달하고, 2와 3은 더 이상 인수 분해되지 않음을 알게 될 것이다. 그렇다면 수 2와 3은 수 6을 구성하는, 분해할 수 없는 성분(이를테면 원자)인 셈이다.

정의에 의하면, **소수**는 1이 아닌 자연수 중에서 자신보다 작은 두 자연수의 곱으로 인수 분해할 수 없는 수, 즉 1과 자신만을 약수로 가지는

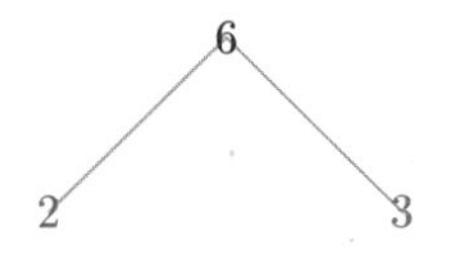

그림 2.1 수 6=2×3

수이다. 따라서 2와 3은 맨 처음으로 나타나는 두 소수이다. 숫자상으로 그 다음 수는 4인데, 4=2×2이므로 소수가 아니다. 그 다음 수인 5는 소수이다. 곱셈의 관점에서 보자면, 소수는 일종의 빌딩 블록으로, 모든 수를 이 블록들의 조합으로 만들어 낼 수 있다. 산술학arithmetic의 기본 정리에 따르면, (1보다 큰) 임의의 정수는 소수들의 곱으로 인수 분해할 수 있고, 그 인수 분해는 소수들을 재배열한 것을 제외하면 **유일하다**.

예를 들어 12를 더 작은 두 수의 곱으로 (인수들의 순서는 무시하고) 인수 분해하면, 시작 방법은 두 가지다.

$$12=2\times6 \quad \text{또는} \quad 12=3\times4$$

그러나 두 방식 중 어느 것도 12의 완전한 소인수 분해는 아니다. 왜냐하면 6과 4가 둘 다 소수가 아니며, 그 각각을 소인수 분해할 수 있기 때문이다. 각 경우에서 인수들의 순서를 바꾸면 다음에 도달한다.

$$12=2\times2\times3$$

수 300을 소인수 분해하고자 한다면, 그 시작 방법은 많다.

$$300=30\times10 \quad \text{또는} \quad 300=6\times50$$

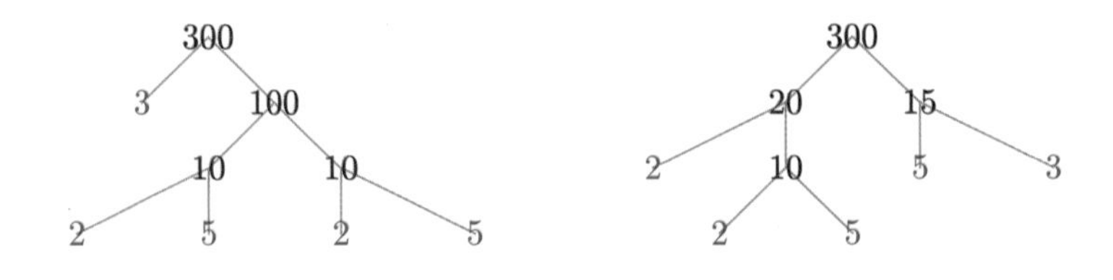

그림 2.2 300을 소수들의 곱으로 소인수 분해하는 걸 보여주는 소인수 분해 수형도

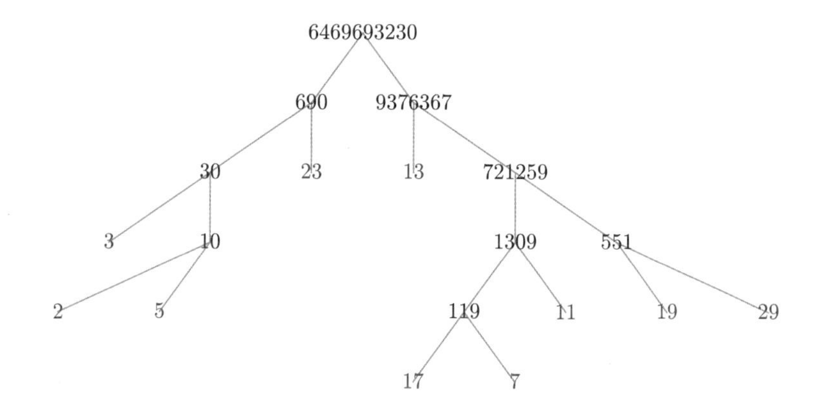

그림 2.3 29까지의 소수들의 곱으로 표현된 소인수 분해 수형도

그밖에도 다양한 시작 방법이 존재한다. 그러나 **그림 2.2**처럼 모든 인수가 소수가 되는 맨 아래까지 인수 분해를 계속하면(즉 가능한 "소인수 분해 수형도" 중 어느 하나로 쭉 "내려가면"), 항상 동일한 소수들의 모임에 도달하게 된다.*

$$300 = 2^2 \times 3 \times 5^2$$

리만 가설은 '우리가 소수, 즉 곱셈의 이 **원자**들에 대해 얼마나 상세하게 알 수 있을까?'라는 질문의 답을 구하고자 한다. 소수는 우리의 일상생활에서 중요한 부분을 차지하고 있다. 예를 들어 우리가 웹사이트를 방문하거나 온라인으로 상품을 구매할 때, 은행 거래의 보안을 유지하는 데 수백 자리의 소수가 사용된다. 거대한 소수가 다방면에 사용되는 것은, 여러 수를 곱하는 일이 큰 수를 소인수 분해하는 것보다 훨씬 더 쉽다

* '모든 자연수는 소수의 곱으로 유일하게 인수 분해된다'고 주장하는 "산술학의 기본 정리"의 증명은 `http://wstein.org/ent/`에 나오는 스타인의 『기초 정수론: 소수, 합동과 비밀*Elementary Number Theory: Primes, Congruences, and Secrets*』(2008)의 1.1절을 참고하라.

는 아주 단순한 원리에 의존한다. 한 예로 만약 당신이 391이라는 수를 소인수 분해해야 한다면, 몇 분 동안 머리를 긁적거리고서야 391이 17×23이라는 걸 발견할지도 모른다. 하지만 17에 23을 곱해야 한다면, 곧장 곱셈을 하면 된다. 컴퓨터에 수백 자릿수의 두 소수 P와 Q를 주고 그 둘을 곱하라고 하면, 1마이크로초 만에 수백 자릿수인 그 두 수의 곱 $N=P\times Q$를 얻을 수 있다. 그러나 현재의 개인용 컴퓨터에 그 수 N을 주고 소인수 분해해 보라고 하면, 컴퓨터는 (거의 확실하게) 실패할 것이다. 미주 [1]과 [2]를 보라.

많은 암호화의 안정성이 이 "보장된" 실패에 의존하고 있다!*

우리가 예전의 수-현상학자number-phenomenologist였다면, 아래의 수가 소수라는 사실의 발견과 증명을 기뻐하며 즐겼을지도 모른다.

$$p=2^{43,112,609}-1=3164702693\cdots\cdots\cdots6697152511(\text{수천만 자릿수})$$

이 수는 무려 12,978,189자릿수이다! 2008년 8월 23일 GIMPS 프로젝트** 에 의해 발견된 이 소수는 비록 현재 알려진 가장 큰 소수는 아니지만, 천만 자리가 넘는 소수로는 맨 처음 발견된 수이다.

$p=2^{43,112,609}-1$은 정말로, 엄청나게 큰 수다! 누군가 당신에게 "확실히 $p=2^{43,112,609}-1$이 가장 큰 소수다!"라 말한다고 해 보자(사실 이 소수가 가장 큰 소수는 아니다). 더 큰 소수를 명확하게 보여주지 않고서 어떻게 그 사람에게 자신이 틀렸음을 확신시킬 수 있을까? (미주 [3])

여기에 $p=2^{43,112,609}-1$보다 더 큰 소수가 존재한다는 걸 보여줄 수 있

* 어느 누구도 정수를 인수 분해하는 빠른 방법은 존재하지 않는다는 추측에 대한 **증명**을 출판하지는 않았다. 이는 몇몇 암호 전문가들 사이의 "신념"이다.

** GIMPS 프로젝트 웹사이트는 `http://www.mersenne.org/`이다.

는 깔끔한 −그리고 바라건대 설득력 있는− 전략이 있다. 엄청나게 큰 수를 만드는 다음과 같은 방법을 상상해 보자. $p=2^{43,112,609}-1$을 포함하여 그 수까지의 모든 소수들의 곱을 M이라고 하고, M보다 하나 더 큰 수인 $N=M+1$을 취한다.

그러면 N이 엄청나게 큰 수일지라도, 그 수 자체가 소수이거나(이는 $p=2^{43,112,609}-1$보다 더 큰 소수 N이 존재한다는 뜻이다), 아니면 분명 어떤 소수로 나누어떨어질 것이다. 그 소수를 P라고 부르자.

자, 이제 P가 p보다 더 크다는 걸 입증해 보자. p 이하의 모든 소수는 M의 약수이기 때문에, 이 소수들은 $N=M+1$의 약수일 수 없다(왜냐하면 그 소수들이 모두 M의 약수이기 때문에, $N=M+1$을 그 중 어떠한 것으로 나누어도 1이라는 나머지가 나오게 마련이다). 따라서 N의 약수인 P는 p보다 작은 소수일 수 없다. 그러므로 P는 $p=2^{43,112,609}-1$보다 더 큰 소수이다.

그나저나 이 전략은 그리 새롭지 않다. 사실 이 논리는 이천 년도 훨씬 더 된 것으로, 이미 유클리드의 『원론』에 등장했었다. 그리스인들은 소수가 무한히 많음을 알았고, 우리가 $p=2^{43,112,609}-1$이 가장 큰 소수가 아님을 보일 때와 같은 방법으로 이를 증명했다.

여기서 다시 한 번 이 증명을 아주 간결하게 정리하면 다음과 같다. 소수 $p_1, p_2, \cdots, p_m$이 주어질 때, $n=p_1p_2 \cdots p_m+1$이라 하자. 그러면 n은 어떠한 p_i와도 같지 않은 소수로 나누어떨어지므로, m개보다 많은 소수가 존재한다.

이 전략을 쉽고 단순한 게임으로 생각해 볼 수 있다. 딱 두 개의 소수 2와 3이 들어 있는 소수 주머니에서 시작해 보자. 이제 이 게임의 한 번의 "무브move"에서는 다음 일련의 조치들을 취한다. 우선 주머니에 들어 있는 모든 소수들을 다 곱해서 수 M을 얻고, 그 다음으로 M에 1을 더해서 더 큰 수 $N=M+1$을 얻는다. 그 다음, N을 소인수 분해하고서 그로부터 얻는 새로운 소수들을 모두 주머니에 넣는 것으로 한 번의 **무브**가 완성된다. 유클리드의 증명은 이 게임의 각 **무브**가 더 많은 소수를 찾는 과정임을 보여 준다. 따라서 이 무브가 반복될수록 주머니의 내용물이 계속 증가할 것이다. 무브를 백만 번 한 후에 우리의 주머니 속엔 확실히 백만 개가 넘는 소수들이 들어 있을 것이다.

예를 들어 오직 하나의 소수 2만 포함하는 주머니로 게임을 시작했을 때, 어떻게 주머니가 게임의 **무브**가 반복됨에 따라 차례로 커지는지를 아래에 나타내었다.

{2, 3}
{2, 3, 7}
{2, 3, 7, 43}
{2, 3, 7, 43, 13, 139}
{2, 3, 7, 43, 13, 139, 3263443}
{2, 3, 7, 43, 13, 139, 3263443, 547, 607, 1033, 31051}
{2, 3, 7, 43, 13, 139, 3263443, 547, 607, 1033, 31051, 29881, 67003, 9119521, 6212157481}
......*

무한히 많은 소수가 있지만, 큰 소수를 구체적으로 찾아내는 것은 중요한 도전 과제이다. 1990년대에 일렉트로닉 프론티어 재단Electronic Frontier

* 이러한 과정으로 찾은 소수들의 수열은 정수 수열의 온라인 백과사전 http://oeis.org/A126263을 참조하면 더 상세하게 알 수 있다.

Foundation(http://www.eff.org/awards/coop)은 천만 자리 이상의 소수를 가장 먼저 찾아내는 그룹에게 십만 달러의 상금을 내걸었다(위의 기록적인 소수 p를 찾아낸 그룹이 이 상금을 받았다*). 그리고 이 재단은 또다시, 적어도 일억 자리의 소수를 가장 먼저 찾아내는 그룹에게 십오만 달러의 상금을 내걸었다.

한동안 수 $p=2^{43,112,609}-1$은 그 당시까지 알려진 가장 큰 소수였다. 여기서 "알다"라는 말은 우리가 그에 대해 어떤 것들을 **계산할** 수 있을 정도로 구체적으로 알고 있다는 뜻이다. 예를 들면, p의 마지막 두 자리에 나오는 수들은 모두 1이고, p의 모든 자릿수들의 합은 58,416,637이다. 물론 무한히 많은 소수가 존재하며, p 다음의 소수 q도 존재하기 때문에 p가 가장 큰 소수는 아니다. 그러나 q에 대하여 무언가 재미난 것을 효과적으로 계산할 수 있는 방법은 알려진 게 없다. 예를 들자면, q를 십진법으로 표현했을 때 그 마지막 자릿수는 뭘까?

* http://www.eff.org/press/archives/2009/10/14-0을 참고하라. 또한 46번째 메르센 소수는 <타임>지가 선정한 2008년 50가지 최고의 "발명" 중 하나였다. http://www.time.com/time/specials/packages/article/0,28804,1852747_1854195_1854157,00.html

3 "이름이 붙은" 소수

소수는 온갖 형태로 나타난다. 어떤 형태의 소수는 다른 것에 비해 다루기가 더 쉽다. 예를 들어 앞에서 언급했던 수

$$p=2^{43,112,609}-1$$

은 바로 그 표기법에 따라 놀라운 형태로, 즉 2의 어떠한 거듭제곱보다 1만큼 작은 수로 주어진다. "현재 알려진" 가장 큰 소수가 이런 형태인 것은 전혀 우연이 아니다. 이는 어떤 수가 2의 거듭제곱보다 1만큼 작으면서 소수인 경우, 그 수가 소수임을 증명할 수 있는 특별한 기법들이 존재하기 때문이다. 그런 형태의 소수들을 부르는 이름이 따로 있는데 , 바로 **메르센 소수**Mersenne prime라고 부른다. 2의 거듭제곱보다 1만큼 큰 소수들은 **페르마 소수**Fermat prime라고 부른다. (미주 [4])

만약 당신이 여기서 처음으로 2의 거듭제곱과 1만큼 차이가 나는 소수들을 접해 본 거라면, 한번 풀어 볼 만한 연습문제 두 개가 있다.

1. $M=2^n-1$ 형태의 어떤 수가 소수라면, 그 지수 n도 소수임을 보여라. [도움말: 이는 n이 합성수일 때, 2^n-1도 합성수임을 보이는 것과 동치이다.] 예를 들어 $2^2-1=3$, $2^3-1=7$은 소수이지만, $2^4-1=15$는 소수가 아니다. 따라서 **메르센 소수**는
   - $2^{소수}-1$ 형태이고
   - 그 자신이 소수이다.

2. $F=2^n+1$ 형태의 수가 소수라면, 그 지수 n이 2의 거듭제곱임을 보여라. 예를 들어 $2^2+1=5$는 소수지만, $2^3+1=9$는 소수가 아니다. 따라서 **페르마 소수**는 다음과 같은 수이다.
   - $2^{2의 거듭제곱}+1$ 형태이고
   - 그 자신이 소수이다.

$2^{소수}-1$형태의 수나 $2^{2의 거듭제곱}+1$형태의 수가 모두 소수인 것은 아니다. 우리는 현재 이런 두 가지 형태의 소수를 유한개만큼 알고 있을 따름이다. 우리가 지금 알고 있는 것들을 어떻게 알게 되었는지도 흥미로운 이야깃거리다. 그 예로 http://www.mersenne.org/를 보라.

4 체(sieves)

키레네Cyrene의 수학자(이자 나중에 알렉산드리아Alexandria의 도서관 사서였던) 에라토스테네스Eratosthenes는 어떻게 모든 수의 수열에서 소수들을 **걸러내는지**를 설명하였다. 다음과 같은 수의 수열을 예로 들어보자.

2 3 4 5 6 7 8 9 10 11 12 13 14 15 16 17 18 19 20 21 22 23 24 25 26

먼저 2에 동그라미를 치고, 다른 모든 2의 배수들에 ×표를 하는 것으로 시작한다. 그런 다음, 수열 맨 앞으로 되돌아가서, 동그라미를 치지도 ×표를 하지도 않은 첫 번째 수에 동그라미를 친 다음(여기서 그 수는 3이다), 다른 모든 3의 배수들에 ×표를 한다. 이후로 앞과 동일한 패턴을 반복한다. 즉 수열 맨 처음으로 돌아가, 동그라미 치지도 ×표를 하지도 않은 첫 번째 수에 동그라미를 친 다음, 그 수의 다른 배수들에 전부 ×표를 하는 것이다. 이 패턴을 수열 상의 모든 수에 동그라미를 치거나 ×표를 할 때까지 반복했을 때, 동그라미가 쳐져 있는 수들이 소수이다.

② ③ ~~4~~ ⑤ ~~6~~ ⑦ ~~8~~ ~~9~~ ~~10~~ ⑪ ~~12~~ ⑬ ~~14~~ ~~15~~ ~~16~~ ⑰ ~~18~~ ⑲ ~~20~~ ~~21~~ ~~22~~ ㉓ ~~24~~ ~~25~~ ~~26~~

	2	3	4	5	6	7	8	9	10
11	12	13	14	15	16	17	18	19	20
21	22	23	24	25	26	27	28	29	30
31	32	33	34	35	36	37	38	39	40
41	42	43	44	45	46	47	48	49	50
51	52	53	54	55	56	57	58	59	60
61	62	63	64	65	66	67	68	69	70
71	72	73	74	75	76	77	78	79	80
81	82	83	84	85	86	87	88	89	90
91	92	93	94	95	96	97	98	99	100

그림 4.1 소수 2를 이용하여 100까지의 소수 걸러내기

	2	3		5		7		9	
11		13		15		17		19	
21		23		25		27		29	
31		33		35		37		39	
41		43		45		47		49	
51		53		55		57		59	
61		63		65		67		69	
71		73		75		77		79	
81		83		85		87		89	
91		93		95		97		99	

그림 4.2 소수 2와 3을 이용하여 100까지 소수 걸러내기

	2	3		5		7			
11		13				17		19	
		23		25				29	
31				35		37			
41		43				47		49	
		53		55				59	
61				65		67			
71		73				77		79	
		83		85				89	
91				95		97			

그림 4.3 소수 2, 3, 5를 이용하여 100까지 소수 걸러내기

	2	3		5		7			
11		13				17		19	
		23						29	
31						37			
41		43				47		49	
		53						59	
61						67			
71		73				77		79	
		83						89	
91						97			

그림 4.4 소수 2, 3, 5, 7을 이용하여 100까지 소수 걸러내기

그림 4.1–4.4에서는 소수 2, 3, 5, 마지막으로 7을 이용하여 100까지의 소수들을 걸러냈다. 여기서는 배수들에 ×표를 하는 대신에 그것들을 어둡게 나타냈으며, 소수들에는 동그라미를 치는 대신, 그 수가 있는 칸을 빨갛게 칠했다.

2보다 큰 짝수들은 모두 소수가 아닌 합성수로서 제거되기 때문에, 그림 4.1에서 어둡게 나타냈다. 하지만 홀수들은 어느 것도 제거되지 않고 여전히 하얀 칸으로 표시된다.

그림 4.3을 보면, 100까지의 수 중에서 오직 세 수(49, 77, 91)를 제외한 모든 수들 중 (2, 3, 5를 이용하여 걸러낸 후에) 어떤 수가 소수이고 어떤 수가 합성수인지 결정됐음을 알 수 있다.

마지막으로, 그림 4.4에서 2, 3, 5, 7을 이용하여 걸러내면 100까지의 모든 소수가 결정됨을 알 수 있다. 미주 [5]를 보면 컴퓨터를 이용하여 소수들에 구체적으로 번호 매기는 방법을 더 자세히 알 수 있다.

5 누구라도 물을 수 있는 소수에 관한 질문들

소수들의 무한 수열 분포에 대한 아주 기본적인 개념들을 살펴볼 때, 우리는 좌절하기 쉽다.

예를 들면, **그 차가 2인 소수의 순서쌍은 무한히 많은가?** 소수의 수열에서 그런 순서쌍들은 다음과 같이 풍부한 것 같다.

$$5-3=2,\quad 7-5=2,\quad 13-11=2,\quad 19-17=2$$

그리고 그런 순서쌍이 훨씬 더 많다는 사실도 알려져 있다.* 그러나 **'그런 순서쌍이 무한히 많은가?'**라는 질문에 대한 답은 알려져 있지 않다. 그런 소수들의 순서쌍("쌍둥이 소수twin prime"라 불린다)이 무한히 많다는 추측은 **쌍둥이 소수 추측**Twin Prime Conjecture으로 알려져 있다. **그 차가 4나 6인 소수들의 순서쌍은 무한히 많은가?** 이에 대한 대답도 마찬가지로 알려져 있지 않다. 그럼에도 불구하고 최근 이 방향으로 매우 흥미진진한 연구 결과

* 예를 들어 http://oeis.org/A007508에 따르면, 10,000,000,000,000,000보다 작은 소수 중에는 그런 순서쌍이 10,304,185,697,298개 있다고 한다.

그림 5.1 이탕 창

들이 등장했다. 특히 이탕 창Yitang Zhang은 그 차가 7×10^7을 넘지 않는 소수들의 순서쌍이 무한히 많다는 것을 증명하였다. http://en.wikipedia.org/wiki/Yitang_Zhang에 창의 연구가 간략하게 설명되어 있으니 참고하라. 창의 혁신적인 연구 결과가 알려진 이후 많은 흥미로운 연구 결과가 뒤따랐다. 이제 제임스 메이나르드James Maynard를 비롯한 다른 이들의 연구결과* 덕분에, 그 차가 246을 넘지 않는 소수들의 순서쌍이 무한히 많다는 것을 알게 되었다.

2보다 큰 짝수는 모두 두 소수의 합인가? 답: 모른다.

완전제곱수보다 1이 큰 소수는 무한히 많은가? 답: 모른다.

3장에서 등장했던 메르센 소수 $p=2^{43,112,609}-1$을 기억하는가? 그리고 p보다 큰 소수 P가 틀림없이 존재한다는 걸 어떻게 (순전히 생각만으로)

* https://www.simonsfoundation.org/quanta/20131119-together-and-alone-closing-the-prime-gap/를 보라. 그리고 더 많은 연구결과를 알고 싶다면, http://michaelnielsen.org/polymath1/index.php?title=Bounded_gaps_between_primes를 보라.

그림 5.2 마랭 메르센(1588–1648)

증명했는지를 기억하는가? 하지만 누군가가 이 p보다 더 큰 **메르센 소수**가 있는지, 즉 $p=2^{43,112,609}-1$보다 큰

$$2^{\text{어떤 소수}}-1$$

형태의 소수가 존재하는가?라고 묻는다고 가정해 보자. 답: 여러 해 동안 그 답은 알 수 없었다. 그러나 2013년 커티스 쿠퍼Curtis Cooper가 훨씬 더 큰 메르센 소수 $p=2^{57,885,161}-1$을 발견했다. 이는 실로 엄청난 17,425,170 자릿수였다! 다시 한 번 쿠퍼가 찾은 수보다 더 큰 메르센 소수가 있는지 질문할 수 있다. 답: 우리는 모른다(2017년 6월 현재까지 알려진 가장 큰 메르센 소수는 2016년 1월 7일 발견된 $p=2^{74,207,281}-1$로, 22,338,618 자릿수이다–옮긴이). 무한히 많은 메르센 소수가 존재할 가능성은 있지만, 그 질문에 대해 답하기엔 아직 한참 멀었다.

다음 소수를 알려 주는 어떤 깔끔한 공식이 존재하는가? 더 구체적으로 말하자면, **예를 들어 'N=(일백만)'처럼 주어진 어떤 수 N에 대하여, 그 N 다**

음으로 맨 처음 나올 소수를 묻는다면, 이런 저런 형태로 맨 처음 소수를 만날 때까지 N 다음에 나오는 홀수들을 하나하나 차례대로 살펴보면서 소수가 아닌 수를 제거하는 방법 말고 이 질문에 대답할 방법이 존재하는가? 답: 모른다.

수 전체에서 소수들의 분포에 대한 어떤 이해에 "도달하는" 다양한 방식들을 생각할 수 있다. 지금까지 우리는 "X보다 작은 소수가 얼마나 많은가?"라는 질문에 대답하려고 애쓰면서, 그저 소수들을 세어보는 데 그쳤다. 이제 우리는 이 질문의 배후에 있는 수들, 특히 추정값에 대한 현재의 "최고의 추측"에 대해서 약간 감을 잡기 시작했다.

이 주제에는 놀라운 점이 하나 있는데, 소수의 분포에 매료된 사람들은 흥미롭고도 놀라운 수치적 실험들을 필요로 하는 질문들에 필연적으로 이끌린다는 것이다. 우리의 현재 지식으로는 마음속에 떠오르는 많은 질문들을 여전히 해결할 수 없다. 그런 질문들에 답하기에 아직 수에 대해 충분히 알고 있지 못하다. 그러나 당신이 공부하고 있는 수학에서 **흥미로운 질문을 던지는 것**은 고도의 기술로, 아마도 수학으로부터 최고의 즐거움(과 이해)을 얻기 위해 습득해야 할 필수 기술일 것이다. 그래서 우리는 몇 가지 도전 과제를 준비했다.

소수에 관하여 다음과 같은 질문을 스스로 만들어 보라.

- 당신에게 흥미롭고
- 그 질문의 답을 모르며
- 확실히 전에 본 적이 없거나 없는 듯한 질문이어야 하며
- 그에 관해 수치적 조사를 시작할 수 있는 질문

만약 위 조건을 만족하는 질문을 만들어 내는 데 어려움이 있다면, 더 많은 예를 보고 동기부여를 얻기 위해 계속 이 책을 읽어 보길 바란다.

6 소수에 관한 더 많은 질문들

이탕 장의 최근 결과에 박수를 보내며, 모든 소수를 찾아 기록하는 대신, 한 소수와 그 다음 소수 사이의 **간격**을 연구하는 수론을 좀 더 살펴보자. 5장에서 본 것처럼 두 홀수의 차는 짝수이기 때문에, 소수 p, q의 순서쌍에서 그 차 $q-p$가 어떤 고정된 홀수가 되는 순서쌍이 얼마나 많은지를 추측하는 것은 전혀 흥미롭지 않다. 하지만 그 차가 2인 소수들(**쌍둥이 소수**라고 불린다)의 순서쌍을 찾는다면 훨씬 재미있어질 것이다. 왜냐하면 그런 소수들의 순서쌍이 무한히 많을 거라고 오랫동안 추측되어 왔지만, 아직까지 아무도 이를 증명하지는 못했기 때문이다.

2014년까지 알려진 가장 큰 쌍둥이 소수는

$$3756801695685 \cdot 2^{666669} \pm 1$$

이다. 이 엄청나게 큰 두 소수는 2011년에 발견되었고, 둘 다 200,700 자릿수이다.*

* 이제까지 알려진 가장 큰 쌍둥이 소수 10개를 알고 싶다면, http://primes.utm.edu/largest.html#twin을 보라.

X	$Gap_2(X)$	$Gap_4(X)$	$Gap_6(X)$	$Gap_8(X)$	$Gap_{100}(X)$	$Gap_{246}(X)$
10	2	0	0	0	0	0
10^2	8	7	7	1	0	0
10^3	35	40	44	15	0	0
10^4	205	202	299	101	0	0
10^5	1224	1215	1940	773	0	0
10^6	8169	8143	13549	5569	2	0
10^7	58980	58621	99987	42352	36	0
10^8	440312	440257	768752	334180	878	0

표 6.1 $Gap_k(X)$의 값들

이와 비슷하게, 그 차가 4 또는 8, 혹은 임의의 짝수 $2k$인 소수 p와 q를 생각하는 것도 흥미로운 문제이다. 사람들은 차가 4, 6 등등인 소수들의 순서쌍이 무한히 많을 거라고 추측한다. 그러나 이런 추측 중 어느 것도 아직 증명되지 않았다.

따라서 연이은 소수들의 순서쌍 (p, q) 중 "간격이 k"(즉, 차 $q-p=k$)이고 $q<X$인 순서쌍의 개수를

$$Gap_k(X)$$

라고 정의하자. 여기서 p와 $q(>p)$는 소수이며, p와 q사이에는 다른 소수가 없다. 예를 들면 $Gap_2(10)=2$인데, 이는 10보다 작은 소수들의 순서쌍 중에서 그 간격이 2인 순서쌍은 (3, 5)와 (5, 7)뿐이기 때문이다. 한편 3과 7은 4만큼 떨어져 있지만, 그 둘은 서로 연이은 소수가 아니기 때문에 $Gap_4(10)=0$이다. $Gap_k(X)$의 다양한 값을 **표** 6.1에, $X=10^7$에 대한 소수 간격의 분포를 **그림** 6.1에 나타냈다.

앞서 언급했던 메이나르드(와 다른 이들)가 창의 최근 연구결과를 더 향상시켰다. 그 결과, $k \leq 246$인 짝수들 중 적어도 하나의 짝수 k에 대하

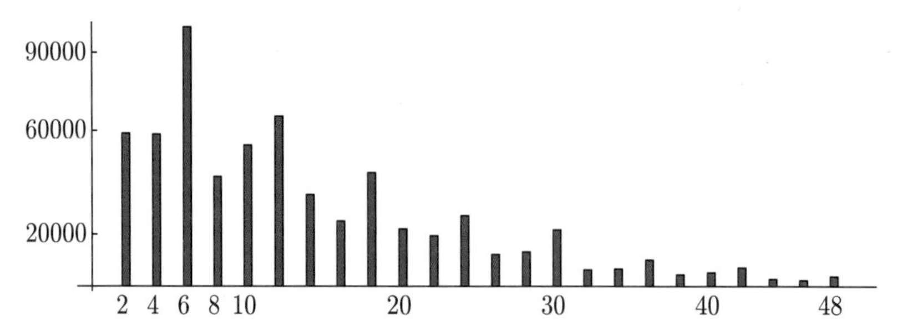

그림 6.1 10^7까지의 모든 소수에 대하여 인접한 소수 사이의 간격이 50 이하인 분포를 보여주는 도수 히스토그램. 이 데이터를 보면 6이 가장 많이 나온 간격이다.

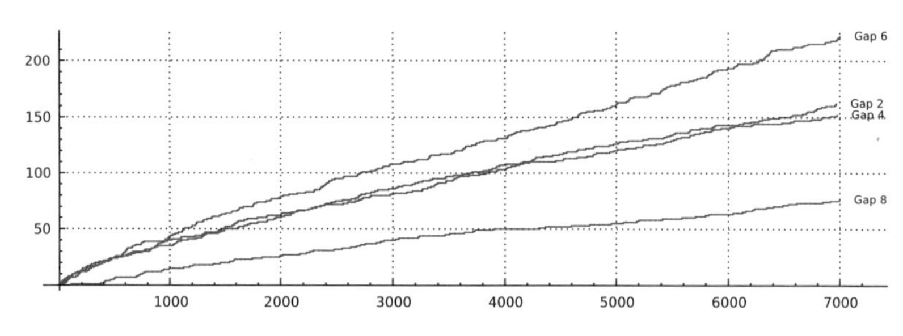

그림 6.2 k=2, 4, 6, 8일 때 $Gap_k(X)$의 그림. 무엇이 이겼나?

여, X가 무한대로 다가가면 $Gap_k(X)$도 무한대로 다가간다는 사실을 알게 되었다. 사람들은 이 명제가 **모든** 짝수 k에 대해 성립할 거라고 예상한다. 위의 데이터들을 보면 $Gap_{246}(X)$에 대해 이 명제가 성립하지 않는 것 같다고 오해할 수 있지만, X가 무한히 커지면 $Gap_{246}(X)$도 물론 무한히 커지리라 예상할 수 있다.

여기 답을 모르는, 소수의 분포에 관한 또 다른 질문이 있다.

간격 2, 간격 4, 간격 6, 간격 8이 서로 겨루는 경주

도전: X가 무한대로 감에 따라 $Gap_2(X)$, $Gap_4(X)$, $Gap_6(X)$, $Gap_8(X)$ 중 어느 것이 더 빠르게 증가할 거라고 생각하는가? 당신 추측이 참이라는 데

얼마나 많은 판돈을 걸겠는가? (미주 [6])

여기에 작은 수들에 대하여 쉽게 확인할 수 있으면서도 호기심을 불러일으키는 질문이 있다. 우리는 물론 **짝수**와 **홀수**가 아주 보기 좋게, 또 단순하게 분포되어 있음을 안다. 모든 홀수 다음에는 짝수가 나오고, 모든 짝수 다음에는 홀수가 나온다. 임의의 주어진 홀수보다 작은 양수 중 홀수와 짝수의 개수는 서로 같고, 홀짝에 관하여 이야기할 만한 흥미로운 것은 그게 전부인 것 같다. 하지만 우리가 **짝숫곱 수**와 **홀숫곱 수**에 관심을 집중한다면, 상황이 확연히 달라진다.

짝숫곱 수는 짝수 개수의 소수들의 곱으로 표현되는 수이고, **홀숫곱 수**는 홀수 개수의 소수들의 곱으로 표현되는 수이다. 따라서 임의의 소수는 홀숫곱 수이고, 수 $4=2\cdot2$는 짝숫곱 수이며, $6=2\cdot3$, $9=3\cdot3$, $10=2\cdot5$도 짝숫곱 수이다. 그러나 $12=2\cdot2\cdot3$은 홀숫곱 수이다. 아래에 25까지의 수들을 나열한 후, 홀숫곱 수에는 밑줄을 치고 굵은 글꼴로 표시하였다.

1 **2** **3** 4 **5** 6 **7** **8** 9 10 **11** **12** **13** 14 15 16 **17** **18** **19** **20** 21 22 **23** 24 25

이 데이터를 보면, **홀숫곱**과 **짝숫곱**의 개념에 관하여 자연스럽고 단순

X	1	2	3	4	5	6	7	8	9	10	11	12	13	14	15	16
홀숫곱 수	0	1	2	2	3	3	4	5	5	5	6	7	8	8	8	8
짝숫곱 수	1	1	1	2	2	3	3	3	4	5	5	5	5	6	7	8

표 6.2 X이하의 홀숫곱 수 및 짝숫곱 수의 개수

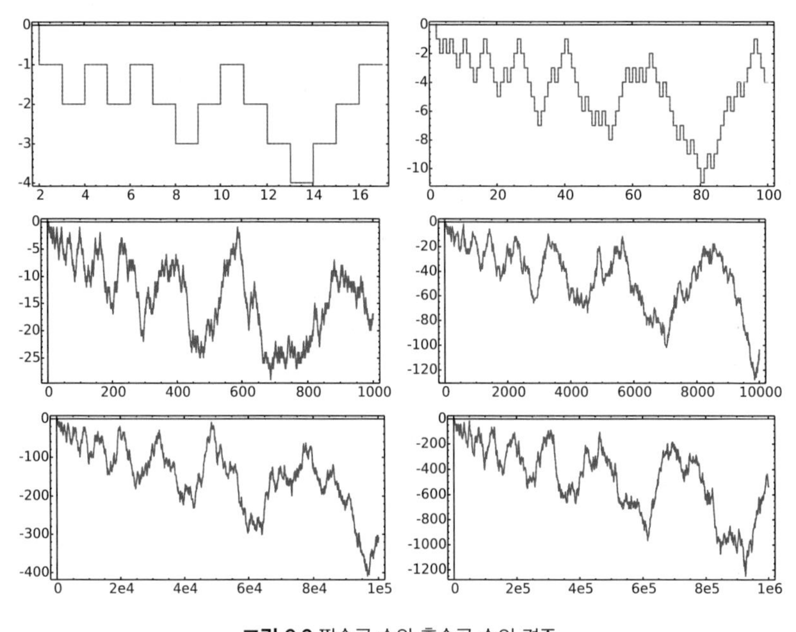

그림 6.3 짝숫곱 수와 홀숫곱 수의 경주

한 다음과 같은 질문이 떠오른다.

X 이하의 짝숫곱 수가 홀숫곱 수보다 더 많은 그런 $X \geq 2$가 존재하는가?

그림 6.3에 나오는 각 그림은 X가 10, 100, 1000, 10000, 100000, 1000000일 때, 2와 X 사이의 짝숫곱 수의 개수에서, 2와 X 사이의 홀숫곱 수의 개수를 뺀 값을 보여주고 있다. 위의 질문은 이 그래프들이 충분히 큰 X에 대하여 X축을 지나가는지 아닌지를 묻는 것이다.

이 질문에 대한 **부정적인** 답—즉, **그림** 6.3과 같은 그래프들이 절대 X축을 지나가지 않는다는 증명—에는 리만 가설이 함축되어 있다! 앞선 질문 목록들과 대조적으로, 이 질문의 답은 알려져 있다.* 유감스럽게도… 그런 X가 존재한다. 1960년, 레흐만Lehman은 X=906,400,000에 대하여 *X*까지의 짝숫곱 수가 홀숫곱 수보다 708개 더 많음을 보였다(타나카Tanaka는 1980년 짝숫곱 수가 홀숫곱 수보다 더 많은 *X*중 가장 작은 수가 *X*=906,150,257임을 찾아냈다).

이것들이, 간단한 어휘로 표현할 수 있지만 오늘날 우리가 그 답을 알 수는 없는, 소수에 관해 제기되었던 질문들이다(여기에 산더미 같은 더 많은 질문을 더할 수 있다**). 우리는 이천 년 이상 수에 관해 연구해 왔지만, 실제로 그 이해에 있어서는 아직도 걸음마 단계에 있는 듯하다.

소수에 대한 가장 간단한 개수 세기에 관한 질문으로 다시 돌아가 이야기를 계속해 보자.

* 더 자세히 알고 싶다면 P. Borwein, "Sign changes in sums of the Liouville Function"과, 훌륭한 짧은 논문 Norbert Wiener, "Notes on Polya's and Turan's hypothesis concerning Liouville's factor"(*Wiener's Collected Works*의 제2권 765쪽)를 보라. 또한 G. Polya, "Verschiedene Bemerkungen zur Zahlentheorie" *Jahresbericht der Deutschen Mathematiker-Vereinigung*, 28(1919)(31−40)도 참고하라.

** 예를 들면, 리처드 가이Richard Guy의 책 『수론에서의 미해결 문제들*Unsolved Problems in Number Theory*』(2004)을 보라.

7 얼마나 많은 소수가 존재하는가?

	2	3		5		7				11		13	
		17		19				23					
29		31						37				41	
43				47						53			
		59		61						67			
71		73						79				83	
				89								97	
		101		103				107		109			
113													
127				131						137		139	
								149		151			
		157						163				167	
169				173						179		181	
								191		193			

그림 7.1 200까지 소수 걸러내기

우리가 소수를 이해하는 데에는 더딜지라도, 적어도 소수의 개수를 세어볼 수는 있다. 한 예로, 30보다 작은 소수가 10개임은 쉽게 알 수 있으므로, 30보다 작은 수가 소수일 가능성은 3분의 1이라고 표현할 수 있다. 하지만 이 빈도가 계속 유지되지는 않는다. 더 많은 데이터를 보자. 100보다 작은 소수는 25개이고(따라서 100까지의 수에서 소수는 넷 중 하나

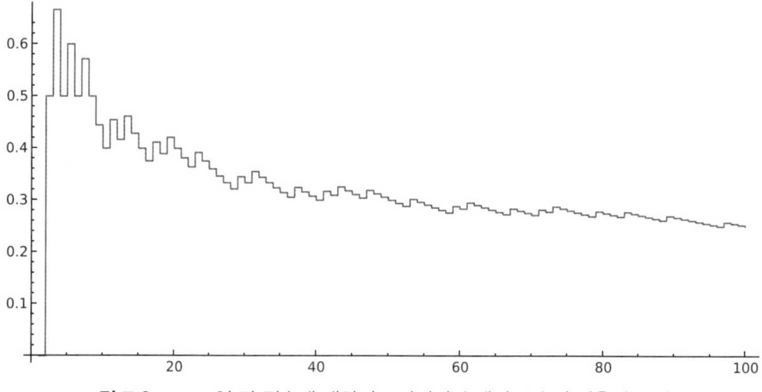

그림 7.2 $X \leq 100$인 각 정수에 대하여 X까지의 수에서 소수의 비율의 그래프

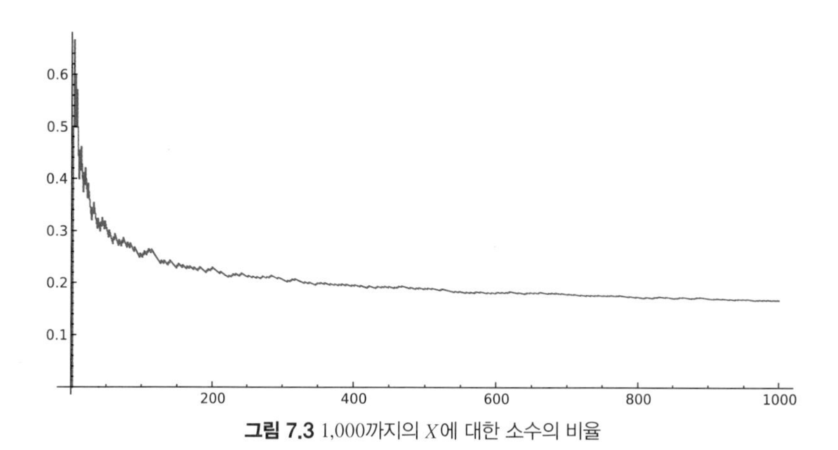

그림 7.3 1,000까지의 X에 대한 소수의 비율

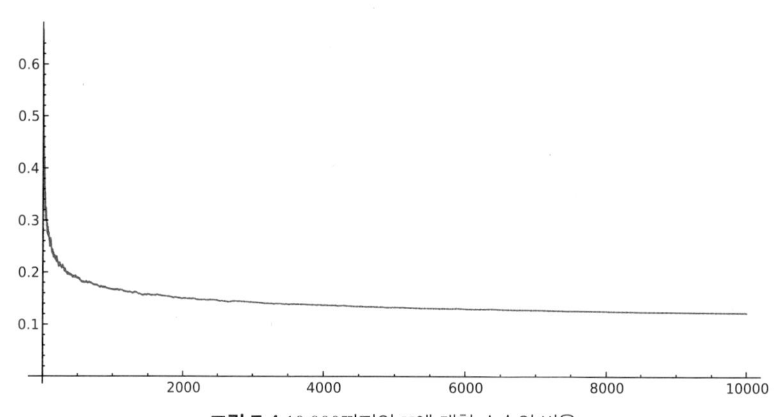

그림 7.4 10,000까지의 X에 대한 소수의 비율

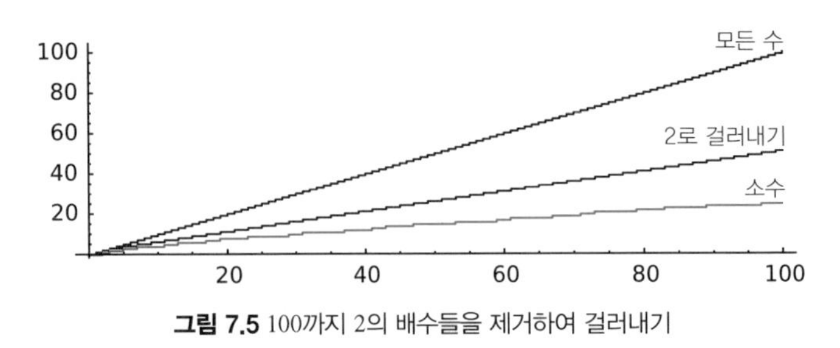

그림 7.5 100까지 2의 배수들을 제거하여 걸러내기

꼴로 나온다), 천보다 작은 소수는 168개이다(따라서 천보다 작은 수 중에서 어떤 수가 소수일 가능성은 대략 6분의 1이라고 말할 수 있다).

백만보다 작은 소수는 78,498개 있고(따라서 처음 백만 개의 수 중에서 무작위로 선택할 때 소수가 나올 확률은 대략 13분의 1까지 떨어졌다), 백억, 즉 10,000,000,000보다 작은 소수는 455,052,512개 있다(따라서 확률이 대강 22분의 1까지 떨어졌다).

이를 보면 소수들은 점점 더 드문드문 등장하는 듯하다. 왜 그런 건지에 대한 단서를 찾기 위해 앞서 수행했던 걸러내기 과정으로 돌아가 몇 개의 그래프를 살펴보자. 100 이하의 수는 100개가, 1000 이하의 수는 1000개가 있다(그 이상의 수에서도 반복). **그림** 7.5에서 보통 계단처럼 보이는 맨 위 그래프는 X 이하의 모든 수들의 개수를 나타내는데, 각 계단은 그 폭과 높이가 같아서, 말하자면 45도 각도를 이루며 올라가는 그래프이다.

에라토스테네스를 따라 그 수들을 걸러서 소수만 체에 남도록 했다. 맨 처음의 걸러내기로 2보다 큰 수 중에서 대략 절반(짝수들!)을 버리게 된다. 위 그림에서 가운데 그래프는 에라토스테네스의 체 걸러내기를 한 번 통과한 다음에 남은 수의 개수를 보여준다. 물론 거기엔 모든 소수들이 포함되어 있다. 그래프는 한 칸의 폭이 그 높이의 두 배인, 경사가 더

완만한 일반적 계단 모양이다. 따라서 2보다 큰 어떤 수가 소수일 가능성은 **기껏해야** 2분의 1이다. 두 번째 걸러내기 후에는 3보다 큰 수 중 상당히 많은 수들이 뭉텅 잘려 나간다. 따라서 3보다 큰 수가 소수일 확률은 더 줄어든다. 이런 식으로 계속 반복해 나간다. 걸러내기 과정을 한 번씩 더 할 때마다, 더 많은 수를 훑어내게 되고, 나중에 나오는 수가 소수일 가능성은 더욱 감소한다.

그림 7.5에서 빨간색 곡선은 실제 소수들의 개수를 나타낸다. 그것은 묘하게 불규칙한 **소수의 계단**staircase of primes이다. 가로축에 있는 임의의 수 X 위에 있는 곡선의 높이는 X 이하의 소수들의 개수, 즉 X까지의 소수들의 누적 개수를 나타낸다. 이 수를 $\pi(X)$라 하면, $\pi(2)=1$, $\pi(3)=2$, $\pi(30)=10$이다. 물론 $\pi(X)$의 값들을 몇 개 더 나타낼 수 있다. 예를 들면 π(백억)=455,052,512이다.

에라토스테네스의 걸러내기 과정을 몇 단계 더 따라가 보자. **그림** 7.7

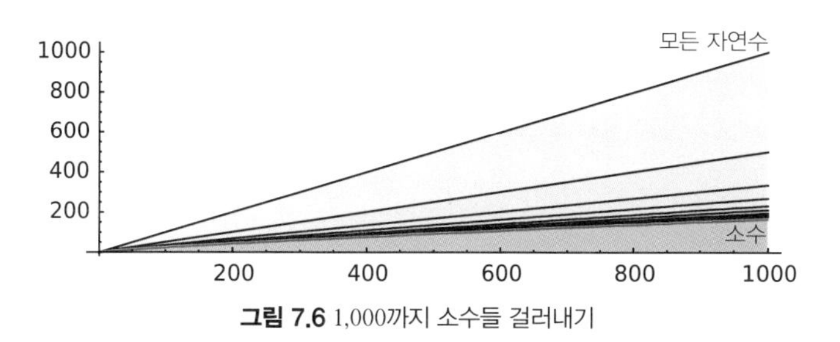

그림 7.6 1,000까지 소수들 걸러내기

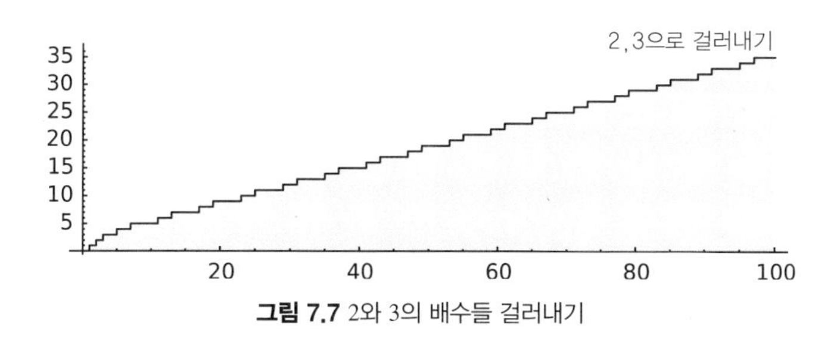

그림 7.7 2와 3의 배수들 걸러내기

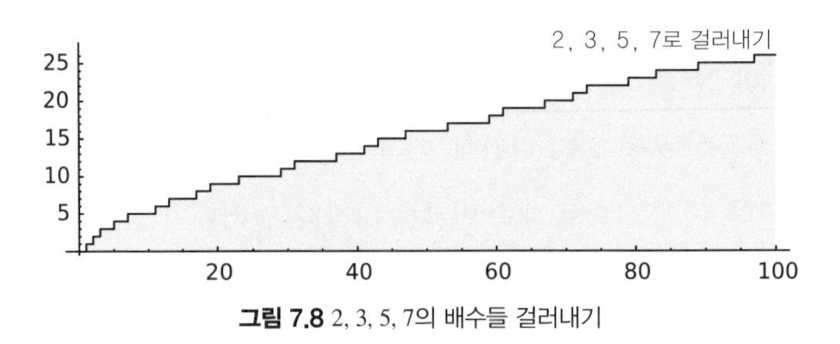

그림 7.8 2, 3, 5, 7의 배수들 걸러내기

은 2보다 큰 짝수들과 3보다 큰 3의 배수들을 제거한 100까지의 모든 정수들을 포함한 그래프이다.

이런 식으로 "계속 따라가다 보면", 이 그래프로부터 어떤 수가 소수일 가능성이 3분의 1보다 작음을 알 수 있다. **그림 7.8**은 에라토스테네스의 체로 2, 3, 5, 7의 배수들을 걸러낸 후, 100까지 나타낸 그래프이다.

이 데이터를 보면, 가로축을 따라 점점 더 멀리 가면서 전체 자연수 중 소수의 백분율이 점점 0%로 다가가는 것 같다는 느낌이 들기 시작할 것이다(실제로 그렇다).

어떻게 소수들이 누적되는지를 느껴보기 위해 **그림 7.9**와 7.10에서 $X=25$ 및 $X=100$에 대한 소수의 계단을 보여주고 있다.

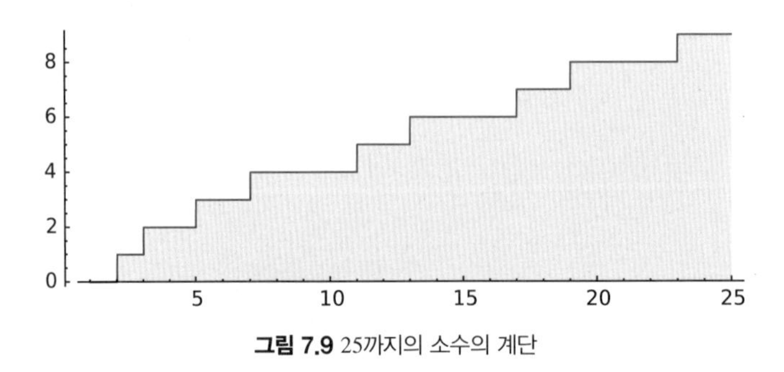

그림 7.9 25까지의 소수의 계단

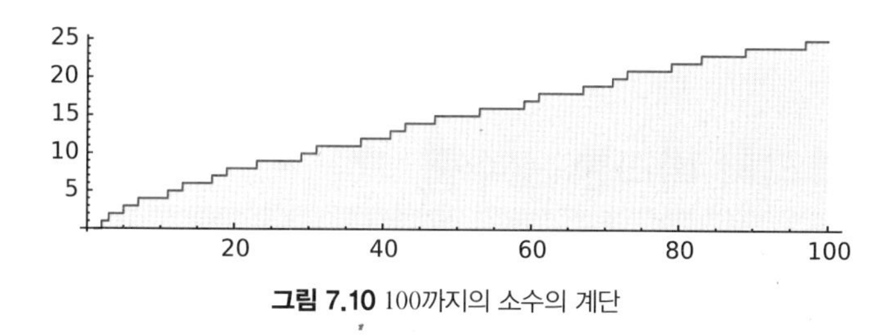

그림 7.10 100까지의 소수의 계단

8 멀리서 바라본 소수들

아래 그림들에서 놀라운 점은, 수가 충분히 커짐에 따라 소수의 계단식 누적, 즉 참으로 이산적인 그 개체들이 점점 더 매끈하게 보이기 시작한다는 점이다. 더 넓은 범위에서 수들을 보기 위해 더 멀리 떨어진 곳에서 이 그래프를 바라보면, 소수들의 누적 그래프가 아주 매끈하고 우아한 모습을 띠는 걸 알 수 있다. 정말 기묘하고도 멋지지 않은가!

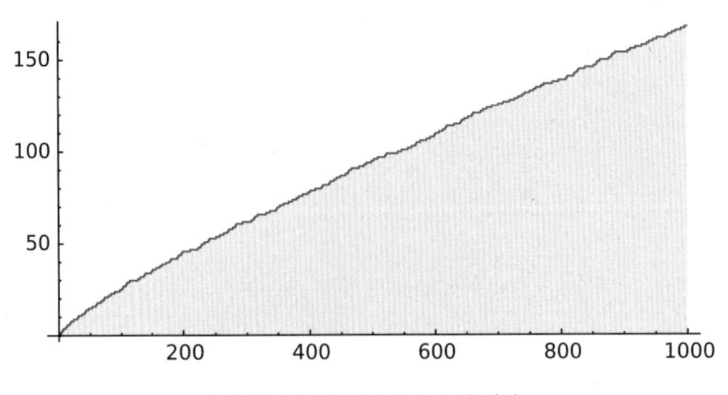

그림 8.1 1,000까지의 소수의 계단

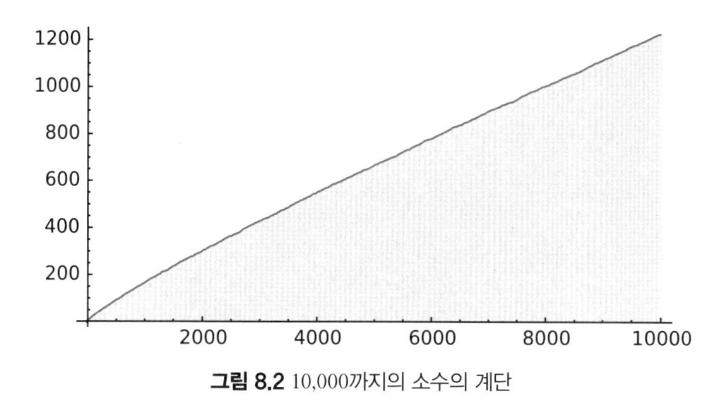

그림 8.2 10,000까지의 소수의 계단

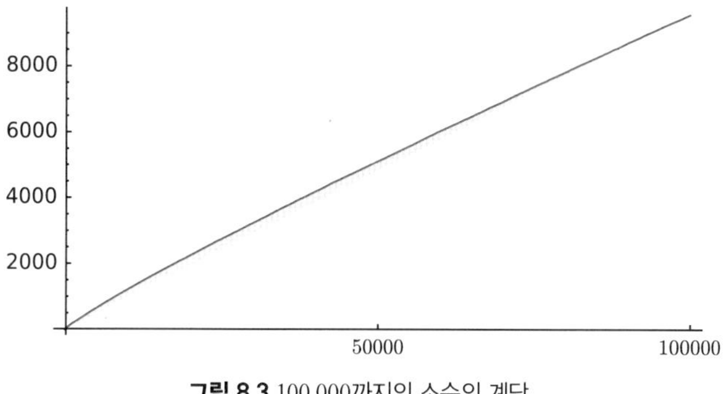

그림 8.3 100,000까지의 소수의 계단

그러나 위의 마지막 그림에서 매끈하게 보이는 곡선의 모습에 속지 말아야 한다. 그것은 인쇄기술로 만들 수 있는 소수의 계단을 그대로 보여준 결과일 뿐, 실제로 그 곡선이 매끈한 것은 아니기 때문이다. 이 곡선 안에 존재하는 수천 개의 작은 계단과 오르막은 인쇄된 곡선의 굵기 속에 가려져 버렸다. 그래도 소수 개수의 누적을 그럭저럭 **매끈한 곡선** 비슷하게 나타낼 수 있다는 게 이미 기적 같은 일이다. 하지만 대체 **어떤** 매끈한 곡선일까?

이 마지막 질문은 좀 더 다듬을 필요가 있다. 칠판에 분필로 그린 곡선을 상상해 보라. 분필로 그린 선의 두께 때문에 그 두꺼운 곡선은 아주 비슷하지만 서로 다른 수많은 매끈한 (수학적인) 곡선들을 모두 포함하게 된다. 따라서 분필로 그린 곡선에 들어맞는 매끈한 곡선들은 많이 있을 수 있다. 이러한 경고를 염두에 두면서, 그림 8.3의 데이터에 의해 훨씬 더 강화된 다음과 같은 질문을 던져 보자. **어떤 매끈한 곡선이 소수의 계단에 잘 맞는 그럴듯한 근사 곡선인가?**

9 순수 수학과 응용 수학

대략적으로 수학자들은 두 가지 유형의 수학, 바로 **순수 수학**과 **응용 수학**이 있다는 데 동의하는 듯하다. 수학의 어떤 부분이 순수 수학인지 응용 수학인지 판단할 때, 보통 이 구분은 수학이 "바깥세상", 즉 다리를 놓고, 경제학 모델을 만들고, 컴퓨터가 인터넷을 마구 휘젓고 다니는 **세상**에 응용되는지(그럴 때만 우리는 당당하게 그것을 **응용 수학**이라고 부른다), 아니면 해당 부분이 수학적 이론 속에서 어떤 중요한 위치를 차지하는지(그러면 **순수 수학**이라고 이름표를 붙인다)에 달려 있다. 물론, 많은 부분이 서로 겹친다(나중에 살펴보겠지만, 푸리에 해석은 데이터 압축과 순수 수학 둘 다에서 중요한 역할을 담당한다).

게다가, 수학의 많은 질문은 언뜻 보기에 단순한 작업(예를 들면, 이 책에서 제기된 질문인 **소수의 계단에 대한 그럴듯하고도 매끈한 근사 함수 찾기**)을 요구하는 듯해도 실상은 전혀 딴판일 때가 많다. 상황이 점점 복잡해지면서 예상치 못한 많은 방향에서 뜻밖의 결과들이 나오는 걸 발견하게 된다. 이 결과들 중 어떤 것은 진정한 응용 수학이고(즉, 실제 세계에 응용되고), 이 결과들 중 어떤 것은 (우리가 수학적 상황이라는 단지 껍데기에 불과한 가면 아래를 꿰뚫어 보게 하고, 사실상 그 현상을 지배하는 숨은 근본 법칙들을 얻게 해 주는) 순수 수학이다. 그리고 이 결과들 중 어떤 것은 타 수학 분야에 강력한 기법들을 제공하면서, 그런 단순한 이분법을 거부한다. 리만 가설은 아직 미해결 상태임에도 불구하고, 이런 세 가지 유형의 성격을 모두 가지고 있음을 보여주었다.

우리의 견해로는, 우리 앞에 놓인 이 특별한 문제는 응용수학이면서 순수수학이라는 양면을 모두 가지고 있다. "소수의 계단"에 잘 들어맞으면서도 간단한 해석적 공식으로 주어지는, 매끈한 근사 곡선을 만들 수 있을까? 그 이면에 있는 이야기는 엄청난 응용력을 지닌, 정말 경이로운 것이다. 나중에 이에 대해 이야기할 때가 있을 것이다. 그러나 여기서는 정확한 공식화에 별로 구애받지 않는 순수한 질문 하나가 호기심을 불러일으킨다. **소수**의 근본을 이루고, 소수보다 더 기본적인 ―아리스토텔레스의 문구를 차용하자면 그보다 "우선하는prior to"― 수학적인 개념들이 존재하는가? 소수의 본성이 지닌 명백한 복잡성을 설명할 개념들이 존재하는가?

10 최초의 확률적 추측

그림 10.1 칼 프리드리히 가우스(1777–1855)

그런 근사 곡선을 찾는 일은, 사실 2세기 전 칼 프리드리히 가우스Carl Friedrich Gauss가 실험적으로 소수의 계단에 놀랍도록 잘 들어맞는 것처럼 보이는 어떤 아름다운 곡선을 정의하면서 시작되었다.

가우스 곡선을 $G(X)$라 하자. 이 곡선은 약간의 미적분학을 알고 있는 사람이라면 누구나 이해할 수 있는, 우아하고 간단한 공식으로 표현된

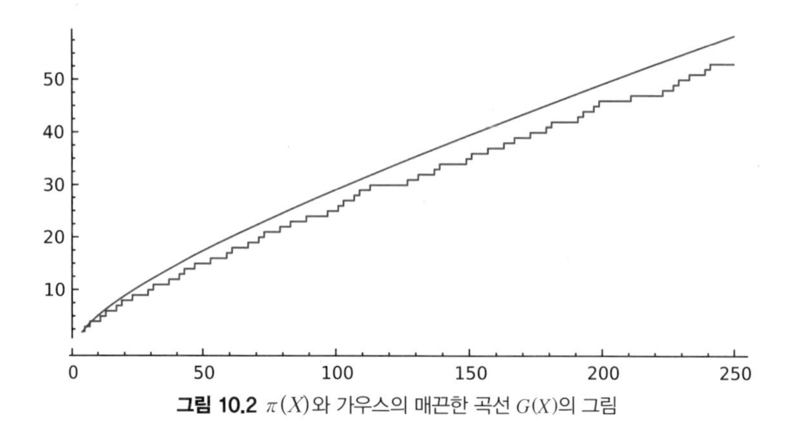

그림 10.2 $\pi(X)$와 가우스의 매끈한 곡선 $G(X)$의 그림

다. 어떤 수 X가 소수일 가능성이 X의 자릿수와 반비례한다고 믿는 사람이 있다면, 그 사람이 가우스 곡선을 만나는 것은 당연하다.

$$G(X)\text{는 대략 } \frac{X}{X\text{의 자릿수}}\text{에 비례한다.}$$

그러나 가우스의 추측을 정확하게 설명하기 위해서는 **자연로그**[*] "log(X)"에 대해 이야기할 필요가 있다. 자연로그는 실수에 관한 우아하고 매끈한 함수로, 그 값은 X의 정수부분의 자릿수에 대충 비례한다.

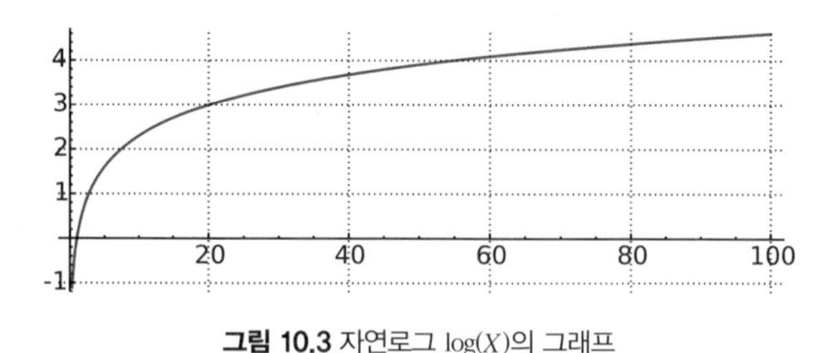

그림 10.3 자연로그 log(X)의 그래프

* 고등 수학에서 "상용" 로그는 아주 드물기 때문에, "log"는 거의 항상 자연로그(natural logarithm)를 나타내며, 표기법 ln(X)는 사용하지 않는다.

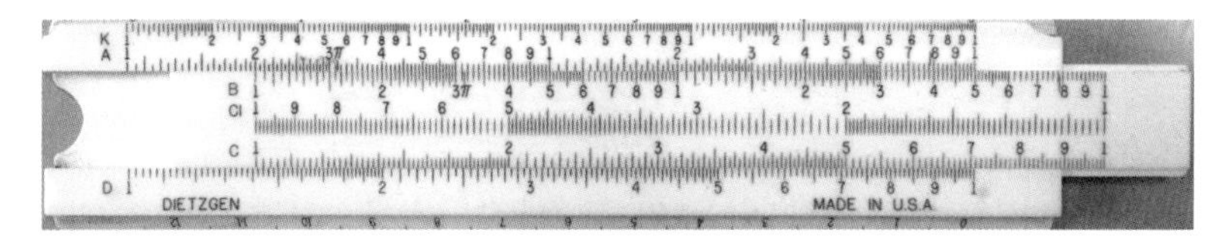

그림 10.4 이 슬라이드 자는 $\log(2X)=\log(2)+\log(X)$를 이용하여 $2X$를 계산한다.

유명한 오일러의 상수 $e=2.71828182\cdots$는 수열

$$\left(1+\frac{1}{2}\right)^2, \left(1+\frac{1}{3}\right)^3, \left(1+\frac{1}{4}\right)^4, \cdots\cdots, \left(1+\frac{1}{n}\right)^n, \cdots\cdots$$

의 극한으로, 로그를 정의할 때 사용된다.

$A=\log(X)$는 $e^A=X$ 를 만족하는 수 A이다.

전자계산기가 나오기 전에, 로그는 종종 계산 속도를 올리기 위해서 사용되었다. 로그는 어려운 곱셈 문제를, 기계적으로 계산하기 쉬운 덧셈 문제로 변환시키기 때문이었다. 그런 계산에서 두 수의 곱의 로그가 각 수의 로그의 합임을 사용한다. 즉 다음이 성립한다.

$$\log(XY)=\log(X)+\log(Y)$$

그림 10.4에서 자의 좌우로 움직일 수 있는 부분들 각각에 인쇄된 수들은 그 로그값만큼의 간격을 두고 인쇄되어 있다. 우선 자를 움직여 한 쪽에 인쇄된 수 X가 다른 쪽에 인쇄된 수 1과 나란히 오도록 놓는다. 이때 1에 맞춰진 쪽에 있는 수 Y와 나란히 놓인 다른 쪽에 있는 수가 곱 XY에 해당된다. 사실상 "슬라이딩"이 $\log(X)$에 $\log(Y)$를 더했고, 그 결과로 $\log(XY)$를 얻을 수 있었던 것이다.

1791년 가우스가 열네 살이었을 때, 그는 일곱 자리까지 수의 로그값

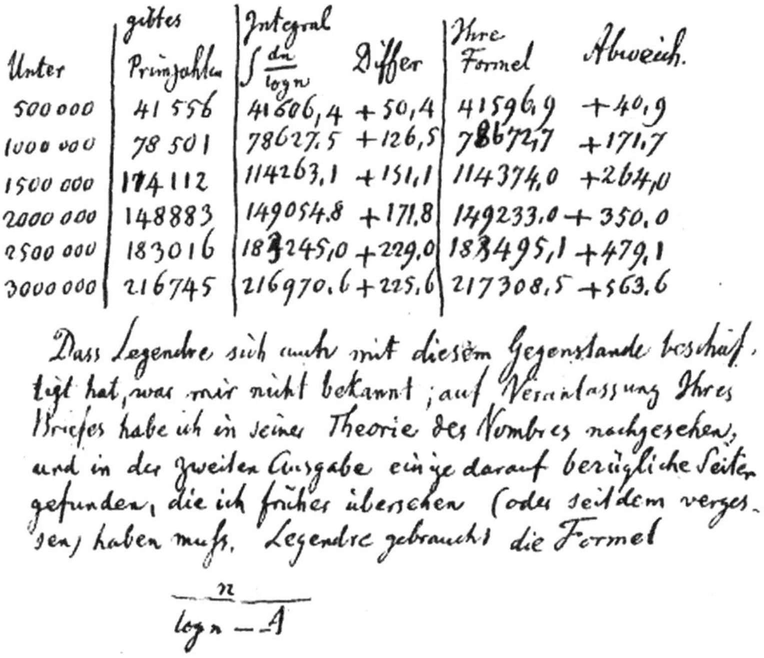

Unter	gibt es Primzahlen	Integral $\int \frac{dn}{\log n}$	Differ	Ihre Formel	Abweich.
500 000	41 556	41606,4	+50,4	41596,9	+40,9
1000 000	78 501	78627,5	+126,5	78672,7	+171,7
1500 000	114 112	114263,1	+151,1	114374,0	+264,0
2000 000	148883	149054,8	+171,8	149233,0	+350,0
2500 000	183016	183245,0	+229,0	183495,1	+479,1
3000 000	216745	216970,6	+225,6	217308,5	+563,6

Dass Legendre sich auch mit diesem Gegenstande beschäf-
tigt hat, war mir nicht bekannt; auf Veranlassung Ihres
Briefes habe ich in seiner Theorie des Nombres nachgesehen,
und in der zweiten Ausgabe einige darauf bezügliche Seiten
gefunden, die ich früher übersehen (oder seitdem verges-
sen) haben muss. Legendre gebraucht die Formel

$$\frac{n}{\log n - A}$$

그림 10.5 가우스의 편지

과, 부록으로 10,009까지의 소수표가 들어 있는 로그책을 지인으로부터 선물 받고 이를 유심히 살펴보았다. 몇십 년 후 1849년에 쓴 편지에서(그림 10.5 참고), 가우스는 주어진 대략적인 크기인 X까지의 구간에 속한 소수들의 밀도가 평균적으로 $1/\log(X)$처럼 보인다는 사실을 매우 이른 시기인 1792년 혹은 1793년에 이미 알았다고 주장했다.

대강 말하자면, 이는 X까지의 **자연수 중 소수의 개수는, 대략 X를 X의 자릿수의 두 배로 나눈 만큼**이라는 뜻이다. 예를 들어 99보다 작은 소수의 개수는 대충

$$\frac{99}{2\times 2}=24.75\approx 25$$

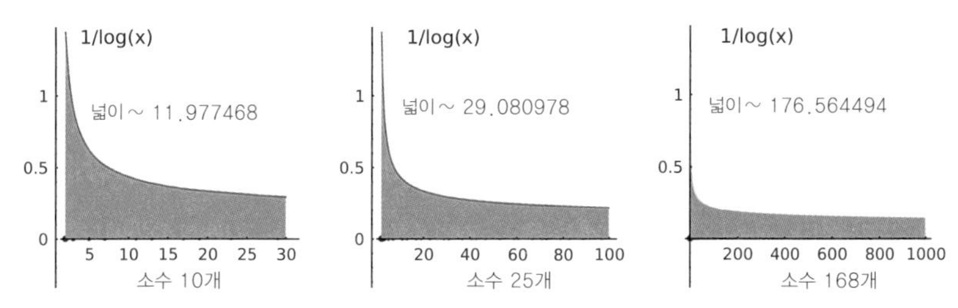

그림 10.6 X 이하 소수 개수의 기댓값은 1부터 X까지 $1/\log(X)$의 그래프의 아래 부분 넓이에 의해 근사된다.

이어야 한다. 이 결과는 상당히 놀라운데, 99까지의 소수가 정확히 25개 있기 때문이다. 999까지 소수의 개수는 대충

$$\frac{999}{2\times 3}=166.5\approx 167$$

이어야 하는데, 이 역시 1000까지 소수의 개수인 168에 상당히 가까운 수이다. 999,999까지 소수의 개수는 대충

$$\frac{999999}{2\times 6}=83333.25\approx 83,333$$

이어야 하는데, 이는 정확한 개수인 78,498에 가깝다.

가우스는 X까지의 소수의 개수의 기댓값이, 2부터 X까지 $1/\log(X)$의 그래프 아래 부분의 넓이에 의해 근사된다고 추측했다(그림 10.6 참고). X=999,999까지 $1/\log(X)$ 아래 부분의 넓이는 78,626.43…으로, 999,999까지의 소수들의 정확한 개수인 78,498과 놀라울 만큼 가깝다.

가우스는 타고난 계산가였다. 그는 1849년 편지에서 삼백만보다 작은 소수가 216,745개 있다고 썼다. 이는 틀렸다. 실제 그런 소수는 216,816개 있다. 가우스 곡선 $G(X)$는 216,970개의 소수가 있을 것이라고 예측했으므로, 가우스의 생각에는

$$225 = 216970 - 216745$$

개만큼 오차가 생긴 것이다. 그러나 사실 그는 생각했던 것보다 참값에 더 가까웠다. 곡선 $G(X)$의 예측은 단지 154(=216970−216816)개만큼 빗나갔던 것이다. 가우스의 계산은 두 가지 의문을 불러일으킨다. 임의의 큰 수에 대하여 이 기가 막힌 **안성맞춤**이 계속될 것인가? 그리고 (분명 먼저 나올) 질문으로 어디까지를 **안성맞춤**이라 여길 것인가?

11 "좋은 근사"란 무엇인가?

어떤 수, 이를테면 10,000 근처의 어떤 수를 추정하려고 하는데, 오차를 100 이내로 제대로 추정했다면, **제곱근 오차**square-root error ($\sqrt{10,000}=100$) 범위에서 근삿값을 찾았다면서 그 정확성에 기뻐할 수 있을 것이다. 물론, 실제로는 "최악의 경우 **제곱근 오차** 이내의 근삿값"이라는 더 까다로운 문구를 사용해야만 한다. 때때로 그런 근삿값을 간단하게 **좋은 근삿값**이라고 부를 수도 있다. 수백만인 어떤 수를 추정하려는데, 1,000 이내의 오차로 그 값을 얻었다면, **제곱근 오차** ($\sqrt{1,000,000}=1,000$) 범위에서 근사시켰다고 −다시 한 번− 동의할 수 있을 것이다. 이를 줄여서 **좋은 근삿값**이라고 부르자. 따라서 가우스가 삼백만보다 작은 소수들의 개수를 추정하는 데 있어서 자신의 곡선이 225만큼 빗나갔다고 생각했을 때, 그 값은 "좋은 근삿값"이라 말할 수 있는 오차 범위 안에 있었다.

일반적으로 D 자릿수인 수를 추정하려 할 때, 대략 그 자릿수의 절반을 넘지 않는 오차 범위 내에서 추정값을 얻었다면, 다시금 **제곱근 오차**

이내의 근삿값, 혹은 같은 뜻인 **좋은 근삿값**을 구했다고 말할 수 있을 것이다.

이후에 할 이야기를 위해서는 이 정도의 대략적인 설명이면 충분하다. 하지만 좀 더 정확하게 말하자면, 우리에게 중요한, 특정한 **정확성의 기준**gauge of accuracy은 그저 **하나의** 오차항

(오차항) = (정확한 값) − (우리의 "좋은 근삿값")

의 **하나의** 추정값에 대한 것이 아니라, 오히려 오차항의 추정값으로 이루어진 **무한 수열**에 대한 것이다. 일반적으로 실수 매개변수 X에 따라 달라지는 수량화된 양 $q(X)$에 관심이 있고(예를 들면, $q(X)$는 "X 이하의 소수의 개수"인 $\pi(X)$일 수 있다), 이 양에 대한 구체적인 후보 "근삿값"인 $q_{근사}(X)$가 있을 때, 임의로 주어진 0.5보다 큰 지수(예: 0.501, 0.5001, 0.50001, …처럼 선택할 수 있다)와 충분히 큰 X(여기서 얼마나 커야 "충분히 큰지"는 지수의 선택에 따라 달라진다)에 대하여, **오차항**—즉 $q_{근사}(X)$와 **실제** 값 $q(x)$의 차의 절댓값—이 X의 그 지수거듭제곱보다 더 작다면(예를 들면 $< X^{0.501}$, $< X^{0.5001}$, 등등), $q_{근사}(X)$를 $q(X)$에 대한 **본질적으로 제곱근 정확도를 가진 근삿값**essentially a square-root accurate approximation이라고 말한다. 미적분학을 알고 있고, **좋은 근삿값**에 대한 이 정의가 어떻게 기술적으로 공식화되는지 알고 싶은 독자는 정확한 서술을 위해 미주 [7]을 보기 바란다.

위의 이야기가 혼란스럽게 여겨져도 걱정할 필요는 없다. 다시 말하자면, 제곱근 정확도를 가진 근삿값은 최소한 대략 그 자릿수의 절반 정도로 정확한 근삿값이다.

주목 11.1

데이터에 대한 근삿값이 그 데이터의 참값에 제곱근 오차 범위에서 가깝다는 용어가 얼마나 기본적인 것인지, 그리고 그것이 어떻게 근사의 정확도에 관한 "황금 기준"이 되는지를 살짝 맛보기 위해 다음의 우화를 살펴보자.

악마가 커다란 수 X들에 대하여 $\pi(X)$의 값을 찾는 임무를 위해 많은 사람들로 이루어진 위원회를 만든다고 상상해 보자. 그는 이미 소수의 목록표를 만들어 두고서, 다음에서 설명할 방식으로 이 일을 진행했다. 모두 알듯이 악마는 디테일에 강하기 때문에, 그는 전혀 실수하지 않았고, 그의 결과는 전적으로 옳았다. 악마는 모든 위원에게 1부터 그가 관심 있는 큰 수 X 중 하나 사이의 모든 **소수**들의 목록을 복사하여 하나씩 주었다. 이제 각 위원은 소수들의 개수를 셀 것이다. 개표 참관인이 투표용지를 세는 것처럼 차례대로 그들이 가진 목록에 있는 각 수를 모두 세어 개수의 누적 총합만 구하면 된다. 위원들은 그 수가 소수인지 아닌지 몰라도 상관없다. 그저 그들 목록에 있는 항목으로 이 수들을 생각하기만 하면 된다. 그러나 그들은 사람인지라, 말하자면 1%의 시간 동안에는 실수를 저지를 것이다. 더 나아가 십중팔구 사람들이 더 많게 세거나 더 적게 세는 실수를 저지를 거라고 가정하자. 이 일에 관련된 많은 사람 중 일부는 $\pi(X)$를 더 많게 셀 것이고, 또 일부는 더 적게 셀 것이다. 결과적으로 평균적인 오차(더 많게 세거나 더 적게 세거나)는 $\sqrt{X}$에 비례할 것이다.

다음 장에서 이러한 '더 많게 세기overcount'와 '더 적게 세기undercount'가 어떻게 임의보행random walk과 유사한지 살펴보겠다.

12 제곱근 오차와 임의보행(random walk)

기준점에서 시작해서 (곧은) 동서방향 길을 따라 임의보행을 하는데, 매 분마다 같은 보폭으로 한 걸음씩 임의로 동쪽 혹은 서쪽을 향해 걸어간다고 하자. X분 후에 기준점에서부터 얼마나 멀리 가 있을까?

이 질문의 답은 특정한 수일 수 없다. X분 동안의 여정에서 보행자가 매 분마다 그 수에 영향을 미치는 결정을 임의적으로 내리고 있기 때문이다. 이 질문에는 확률적 답을 묻는 것이 더 합당할 것이다. 즉, X분 동안 **많은** 횟수의 임의보행을 한다면, (평균적으로) 기준점에서 얼마나 멀리 떨어져 있겠는가? 아래 그림에서 볼 수 있듯이 그 답은, (충분히 많이) 이런 식으로 왔다 갔다 한 후, 기준점에서 떨어져 있을 평균 거리가 $\sqrt{X}$에 비례한다는 것이다(사실, 평균은 $\sqrt{\frac{2}{\pi}} \cdot \sqrt{X}$이다).

이를 11장의 우화에서 설명했던 위원들의 오차 이야기와 연결 지어 보자. 한 위원이 만드는 오차(1만큼 더 적게 세거나 더 많게 세는 것) 중 '더 적게 세기'를 동쪽으로 한 "걸음", '더 많게 세기'를 서쪽으로 한 걸음으로 상상해 보라. 수를 세는 동안 주기적으로 그런 오차가 생기고, 더 많게 세거나 더 적게 셀 가능성이 똑같이 임의적이라면, 위원들의 계산 정확도를 임의보행으로 모델링할 수 있다. 이는 −우리가 이미 논의했던 용어로− **제곱근 정확도**보다 더 나을 게 없는 상황으로, **제곱근 오차**를 따를 것이다.

임의보행이 이 "제곱근 법칙"에 의해 얼마나 제한되는지를 생생하게 느껴 보기 위해, 임의보행에 대한 몇 가지 수치적 실험을 살펴보자. 아래 **그림 12.1−12.4**에 나오는 왼쪽의 구불구불한 (파란색) 그래프들은 컴퓨터에서 얻은 임의보행 시도들(3회, 10회, 100회, 1000회 반복 임의보행)이다. 이 네 개의 그림에서 오른쪽 그래프의 파란색 곡선은 각각에 대응하는 (3회, 10회, 100회, 1000회 반복) 임의보행의 기준점으로부터 평균 거리이다. 아래 각 그림의 빨간 곡선은 X축 위의 $\sqrt{\frac{2}{\pi}} \cdot \sqrt{X}$의 그래프이다. 임의보행의 반복 횟수가 증가함에 따라 빨간색 곡선은 평균 거리에 점점 더 가까워진다.

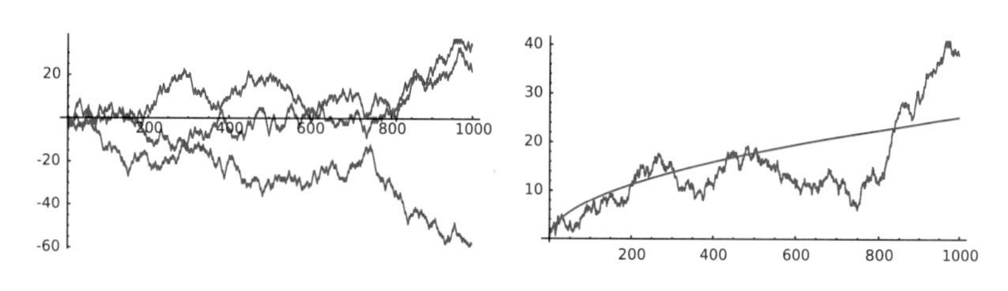

그림 12.1 3회 임의보행

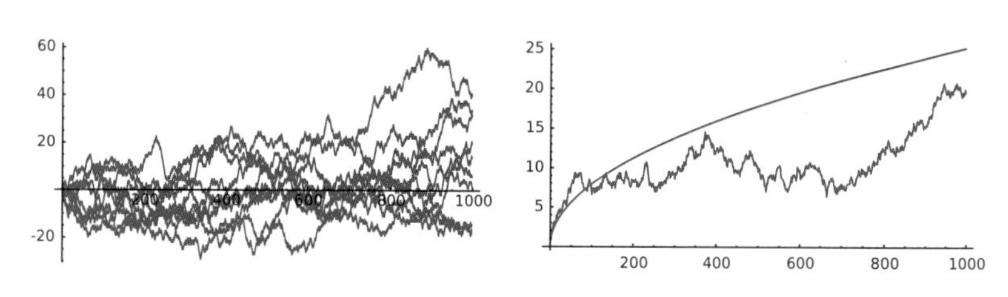

그림 12.2 10회 임의보행

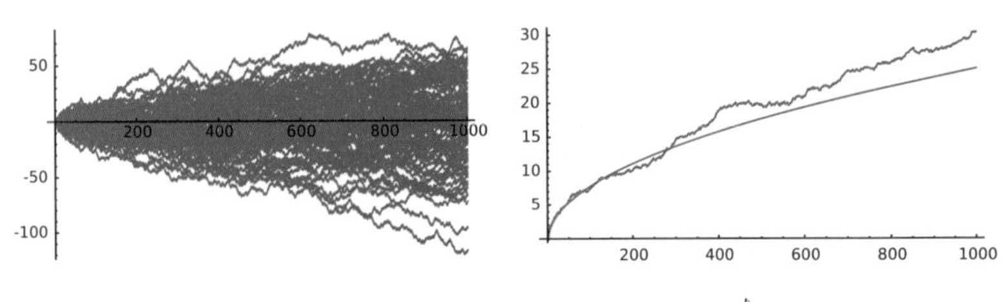

그림 12.3 100회 임의보행

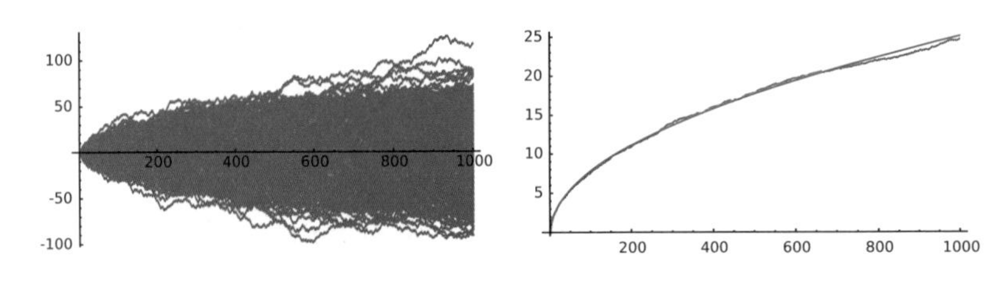

그림 12.4 1000회 임의보행

13 리만 가설이란 무엇인가? (첫 번째 공식화)

10장에서 X이하의 소수들의 개수인 $\pi(X)$의 근삿값에 대한 대략적인 추측이 함수 $X/\log(X)$로 주어졌음을 떠올려 보자. 또한 가우스는 그 추측을 더 세련된 형태로 나타냈는데, 그 추측이 바로 'N이 소수일 "확률"은 그 수의 자릿수의 역수에 비례한다'는 흥미로운 생각으로부터 나왔음을 기억해야 한다. 이를 더 정확하게 말하자면, 그 확률은 $1/\log(N)$이다. 이는 $\pi(X)$의 근삿값이 종종 $\mathrm{Li}(X)$라 나타내는, 2부터 X까지 $1/\log(X)$의 그래프 아래 영역의 넓이일 거라고 추측하게 만든다.

"Li('라이'라고 발음)"는 **로그 적분(Logarithmic integral)**의 약자로, 2부터 X까지 $1/\log(X)$의 그래프 아래 영역의 넓이가 (정의에 의해) 적분 $\int_2^X 1/\log(t)\,dt$이기 때문에 붙여진 이름이다.

그림 13.1은 $X \leq 200$일 때 세 함수 $\mathrm{Li}(X)$, $\pi(X)$, $X/\log(X)$의 그래프를 나타내고 있다. 그러나 데이터가 얼마나 인상적이건 상관없이, 그것은 (6장에서 봤던 것처럼) 눈속임일지 모른다. 만약 당신이 모든 큰 값 X에 대하여 세 그래프가 결코 서로 교차하지 않고, 큰 X에 대해 간단한 관계식

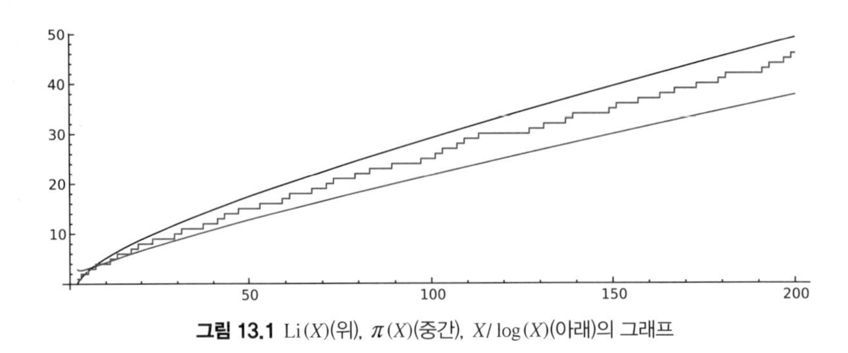

그림 13.1 Li(X)(위), $\pi(X)$(중간), $X/\log(X)$(아래)의 그래프

$X/\log(X) < \pi(X) < \mathrm{Li}(X)$가 성립한다고 생각한다면, `http://en.wikipedia.org/wiki/Skewes'_number`를 읽어 보라.

큰 수 X에 대해 $\pi(X)$의 값을 구하는 것은 중요한 **도전 문제**이다. 예를 들어 $X=10^{24}$이라고 하자. 그러면 다음이 나온다. (미주 [8] 참고)

$$\pi(X)=18{,}435{,}599{,}767{,}349{,}200{,}867{,}866$$

$$\mathrm{Li}(X)=18{,}435{,}599{,}767{,}366{,}347{,}775{,}143.10580\cdots\cdots$$

$$X/\log(X)-1=18{,}429{,}088{,}896{,}563{,}917{,}716{,}962.93869\cdots\cdots$$

$$\mathrm{Li}(X)-\pi(X)= 17{,}146{,}907{,}277.105803\cdots\cdots$$

$$\sqrt{X}\cdot\log(X)= 55{,}262{,}042{,}231{,}857.096416\cdots\cdots$$

$\pi(X)$와 Li(X)의 제일 왼쪽에 나오는 (빨간색으로 나타낸) 여러 숫자들이 서로 같다는 점에 주목하자. 17장에서 이 점에 대해 다시 이야기할 것이다.

더 넓게 보면, $\pi(X)$와 이 근삿값과의 오차, 즉 Li(X)와 $\pi(X)$의 차이(의 절댓값) $|\mathrm{Li}(X)-\pi(X)|$를 다음과 같은 규칙을 따르면서 대략 X 걸음을 가는 임의보행의 결과로 생각할 수 있다. N이 소수가 아니라면 $1/\log(N)$ 피트 거리만큼 동쪽으로 가고, N이 소수라면 $1-1/\log(N)$피트 거리만큼

서쪽으로 간다. 그러면 X걸음 후에 기준점으로부터의 거리는 대략 $|\mathrm{Li}(X)-\pi(X)|$ 피트이다.

이 그림이 진짜로 **임의보행**을 닮았는지는 전혀 알지 못한다. 하지만 적어도 다음 질문을 던지는 게 합당해 보인다. $\mathrm{Li}(X)$는 $\pi(X)$에 대한 **본질적으로 제곱근 정확도를 가진 근삿값**인가? 우리의 리만 가설의 첫 번째 공식화는 '그렇다'라고 대답한다.

리만 가설 (첫 번째 공식화)

임의의 실수 X에 대하여 X보다 작은 소수들의 개수는 대략 $\mathrm{Li}(X)$이다. 그리고 이는 본질적으로 제곱근 정확도를 가진 근삿값이다. (미주 [9] 참고)

14 미스터리는 오차항으로 옮겨간다

어떤 **미스터리한 값**(예를 들면, 실수 X에 대한 함수)을 이해하고 싶을 때, 어떤 일이 벌어질지 생각해 보자. 그 미스터리한 값을, 이해하기도 쉽고 단순한 형태의, 그 값과 가까운 수식으로 용케 근사시켰다고 가정하자. 우리는 그 식을 "지배적 항dominant term"이라고 부를 것이다. 이 근삿값은 정확하지 않다. 그 값에는 오차가 존재하는데, 다행스럽게도 그 크기는 지배적 항의 크기에 비해 충분히 작다. 여기서 "지배적"이란 말은 그저 '근삿값의 오차보다 지배적 항이 충분히 더 크다'는 것을 뜻한다.

미스터리한 값(X) = (**간단하지만 지배적인 값**(X)) + (**오차**(X))

당신이 쫓고 있던 것이 오로지 **크기**에 관한 일반적인 추정값이라면 임무는 완수되었다. 당신은 승리를 주장하며 오차(X)를 (그 크기를 고려할 때) 사소한 것으로 무시해 버릴 수 있다. 그러나 당신이 **미스터리한 값**의 깊은 구조에 흥미를 느낀다면, 당신이 한 일은 미스터리한 값에 관한 대부분의 의문들을 오차(X)로 옮긴 것 밖에 없는 셈이다. 결론적으로는 이제 오차(X)가 당신의 새로운 미스터리한 값이 된 것이다.

(우리의 미스터리한 값인) $\pi(X)$와 (우리의 지배적 항인) $\mathrm{Li}(X)$에 관한 문제로 돌아가면, (앞의 13장에서 나온 것처럼) 리만 가설의 첫 번째 공식화가 **오차항** $|\mathrm{Li}(X)-\pi(X)|$을 집중적으로 조명하므로, 이를 면밀히 조사할 필요가 있다. 왜냐하면 결국 우리는 소수의 개수를 세는 것에만 관심이 있는 게 아니라, 그 구조에 대하여 가능한 한 많은 것을 이해하고 싶기 때문이다.

이 오차항에 대한 감을 잡기 위해서 오차항을 약간 매끈하게 만들고, 그 그래프를 몇 개 살펴보겠다.

15 세자로 스무딩(Cesàro Smoothing)

종종 자동차의 주행거리 계기판을 다시 세팅할 때, 차는 주행 정보를 보여준다. 예를 들어 계기판은 이제까지의 평균 속력을 보여주는데, 그 수치는 실제 속력보다 훨씬 덜 변덕스럽게 변하는 "진득한" 수이다. 이 수치를 이용하면 목적지에 도달할 때까지 얼마나 오래 걸릴지 대강 추산할 수 있다. 이때 자동차는 속력의 **세자로 스무딩**을 계산하고 있는 것이다. 이 개념은 이전 장에 등장했던 누적 합과 같은 다른 양들의 변화 양상

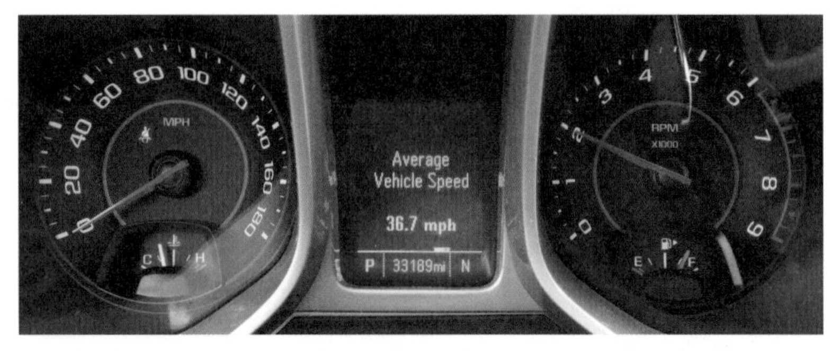

그림 15.1 이 책을 쓰는 동안 우리 중 한 명이 운전한 2013년형 Camaro SS 자동차의 계기판과 계시판에 표시되는 "자동차의 평균 속력".

을 이해하는 데 도움이 될 수 있다.

당신이 시간에 따라 약간 불규칙적이고 변덕스러운 패턴을 보이는 어떤 양의 변화 양상에 대하여 무언가 지적인 이야기를 하고자 한다고 가정하자. 그 양을, 양의 실수인 "시간" t에 대하여 정의된 함수 $f(t)$로 생각하자. 아마도 자연스럽게 0부터 T까지의 시간 구간에서 $f(t)$의 어떤 "평균값"*을 구하고 싶을 수 있다. 이는 그 평균값이 안정적이고, 평균값이 계산되는 해당 시간 구간에 그리 많이 의존하지 않는다면, 즉 그 시간 간격이 충분히 큰 경우에는 정말 지적인 방법일 것이다. 물론 때로는 이 평균 자체가 선택된 시각 T에 상당히 민감하고 안정적이지 않을 수 있다. 그런 경우에는 보통 평균값 자체를, 본질적으로 T에 따라 달라지는 (T에 관한) 함수로 간주하는 것이 낫다.** 이 새로운 함수 $F(T)$를 함수 $f(t)$의 **세자로 스무딩**이라고 부르는데, 이 함수는 원래 함수 $f(t)$에서는 직접 보기 힘든, 함수 $f(t)$의 어떤 궁극적 경향성을 잘 드러낸다. **그림 15.2**에서 볼 수 있듯이 $f(t)$에서부터 $F(T)$로 옮겨가는 효과는 원래 함수의 변덕스러운 국소적 양상의 일부를 "제거"하는 것이다.

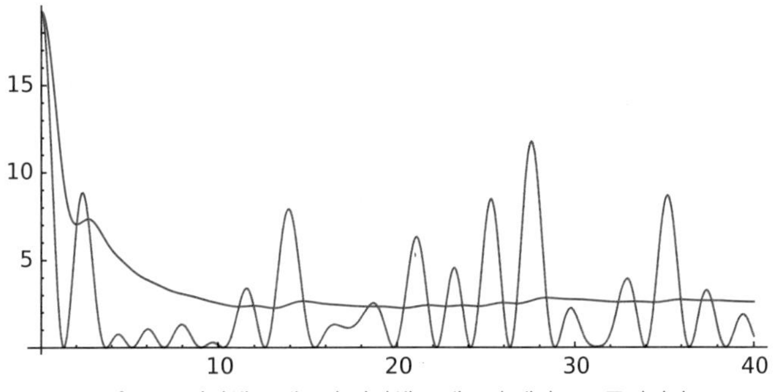

그림 15.2 빨간색 그래프가 파란색 그래프의 세자로 스무딩이다.

* 미적분학을 알고 있는 독자를 위해: 그 평균은 $\frac{1}{T}\int_0^T f(t)\,dt$이다.

** 미적분학을 알고 있는 독자를 위해: 이는 $F(T)=\frac{1}{T}\int_0^T f(t)\,dt$이다.

16 $|\mathrm{Li}(X)-\pi(X)|$ 보기

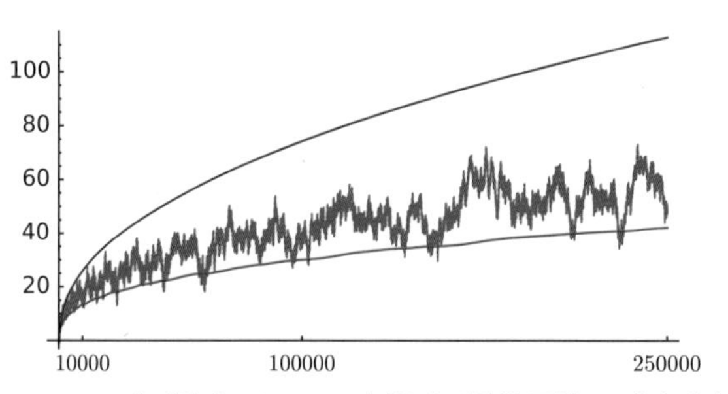

그림 16.1 $X \leq 250,000$에 대하여 $\mathrm{Li}(X)-\pi(X)$(가운데 파란색 곡선), 그것의 세자로 스무딩(아래 빨간색 곡선), 그리고 $\sqrt{\frac{2}{\pi}} \cdot \sqrt{X/\log(X)}$(위 곡선)

미스터리한 오차항으로 돌아가 **그림 16.1**을 고려하자. 그림에서 가운데 변덕스러운 파란색 곡선이 $X \leq 250,000$의 범위에서 $\mathrm{Li}(X)-\pi(X)$이고, 이에 대한 세자로 스무딩이 아래에 있는 비교적 매끈한 빨간색 곡선이다. 위에 있는 곡선이 $\sqrt{\frac{2}{\pi}} \cdot \sqrt{X/\log(X)}$의 그래프이다.

이 그래프와 같은 데이터는 흥미로운 사실을 드러내는 동시에 오해를 불러일으키는 면이 있다. 예를 들어 $\mathrm{Li}(X)-\pi(X)$의 변덕스러운 파란색 그래프는 계속 올라가는 두 그래프 사이에 대충 끼어 있는 듯하다. 그

그림 16.2 존 에덴서 리틀우드(1885−1977)

러나 이런 현상이 모든 X 값에서 계속 지속되는 것은 아니다. 1914년 케임브리지 대학교의 수학자 존 에덴서 리틀우드John Edensor Littlewood(그림 16.2 참고)는 $Li(X)-\pi(X)$의 값이 영이 되는 실수 X가 **존재**함을 증명했다. 약간 더 큰 X에 대하여 그 차는 음수 쪽으로 넘어간다. 그런 첫 번째 수에 대한 좋은 추정값(상한이나 하한)을 얻기가 어려웠기 때문에, 이 정리는 당시 많은 주목을 받았다(그리고 현재에도 계속 주목받고 있다). $Li(X)=\pi(X)$가 성립하는 그 "첫 번째" X를 (리틀우드의 학생이었던) 남아프리카 수학자 스탠리 스큐스Stanley Skewes의 이름을 따서 **스큐스 수**Skewes Number라고 부른다. 그는 1933년에 (리만 가설을 조건부로!) 그 수에 대한 최초의 (무시무시하게 큰) 상한값을 제시했다. 계속해서 꾸준히 그 상한값이 개선되고 있긴 하지만, 현재까지 알아낸 바로는 그저 스큐스 수가 다음 범위 안에 있다는 정도뿐이다.

$$10^{14} \leq \text{스큐스 수} < 10^{317}$$

그리고 상한 10^{317}에 상당히 가까운 어떤 값 X에서 $\pi(X)$가 $\mathrm{Li}(X)$보다 더 크다는 것이 증명되었다. 따라서 **그림 16.1**에서 보여준 경향성이 무한히 계속되지는 않을 것이다.

17 소수 정리

그림 13.1을 다시 보자. 세 함수 Li(X), π(X), X/log(X)가 모두 "X가 커지면 무한대로 가고" 있다(이는 임의의 실수 R에 대하여, X가 충분히 크면 X에 관한 이 함수들의 함숫값이 R를 넘는다는 뜻이다).

이 함수들은 **같은 속도로** "무한대로 가고" 있는가?

이 질문에 대답하기 위해서는 **같은 속도로 무한대로 간다**는 말이 무슨 뜻인지를 알아야 한다. 여기서 정의를 하나 하겠다. 무한대로 가는 두 함수 $A(X)$와 $B(X)$에 대하여 X가 무한대로 감에 따라 두 함수의 비

$$A(X)/B(X)$$

가 1에 가까워질 때, $A(X)$와 $B(X)$가 **같은 속도로 무한대로 간다**고 말한다.

예를 들어 양의 정수를 함숫값으로 취하는 두 함수 $A(X)$와 $B(X)$가 큰 X에 대하여 같은 자릿수의 함숫값을 가지고, 백만(혹은 억이나 조)같은 수를 줄 때 X가 충분히 크면, 다음 식과 같이 함숫값의 "제일 왼쪽" 백만(혹

은 억이나 조) 자릿수가 같다면, $A(X)$와 $B(X)$는 **같은 속도로 무한대로 간다.**

$$\frac{A(X)}{B(X)} = \frac{281067597183743525105611755423}{281067597161361511527766294585} = 1.000000000079632137620 60\cdots$$

용어를 한 가지 더 정의하면, 각각 무한대로 가는 두 함수 $A(X)$, $B(X)$에 대하여 두 개의 양의 상수 c와 C가 있어서, 충분히 큰 X에 대해, 그 비 $A(X)/B(X)$가

$$c < A(X)/B(X) < C$$

를 만족시키면, $A(X)$와 $B(X)$는 **비슷한 속도로 무한대로 간다**고 말한다.

예를 들어 최고차항의 계수가 양수인 X에 관한 두 다항함수가 **같은 속도로 무한대로 간다**는 말은, 두 다항함수의 차수가 같고 최고차항의 계수가 같다는 말과 동치이다. 두 다항함수의 차수가 같으면 이 두 함수는 **비슷한 속도로 무한대로 간다. 그림 17.1과 17.2를 보라.**

기초 미적분학의 한 정리에 따르면, X가 커질수록 $\mathrm{Li}(X)$와 $X/\log(X)$의 비는 1에 가까워진다. 즉 –앞에서 소개한 정의에 따라– $\mathrm{Li}(X)$와 $X/\log(X)$는 같은 속도로 무한대로 간다. (미주 [10] 참고)

(앞의 13장의 76쪽에서) $X=10^{24}$이라면, $\pi(X)$와 $\mathrm{Li}(X)$의 제일 왼쪽에 나오는 12 자릿수가 같음을 기억하자. 두 수 모두 18,435,599,767,3…으로 시작한다. 자, 시작이 좋다. 충분히 큰 X에 대하여 $\pi(X)$와 $\mathrm{Li}(X)$의 "제일 왼쪽" 백만 (혹은 억이나 조) 자릿수가 같다고 해도, 두 함수가 같은 속도로 무한대로 간다고 장담할 수 있을까?

앞의 공식화에 따르면, 리만 가설은 $\mathrm{Li}(X)$와 $\pi(X)$의 **차이**가 X의 크기와 비교할 때 상당히 작다고 말한다. 이 정보는 **비** $\mathrm{Li}(X)/\pi(X)$가 1로 다가간다는, 즉 $\mathrm{Li}(X)$와 $\pi(X)$가 같은 속도로 무한대로 간다는 명제를 함축할

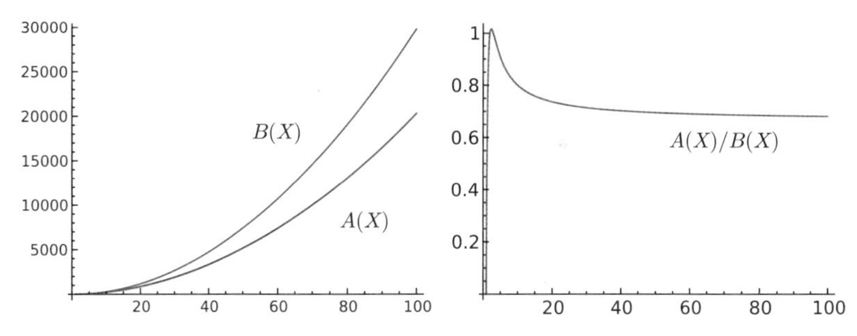

그림 17.1 다항함수 $A(X)=2X^2+3X-5$(아래)와 $B(X)=3X^2-2X+1$(위)는 비슷한 속도로 무한대로 간다.

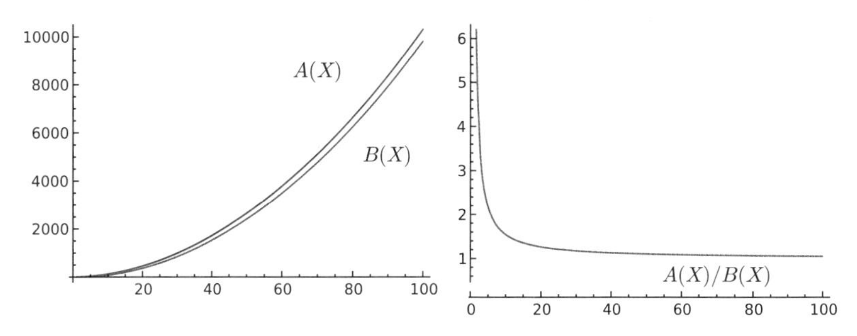

그림 17.2 다항함수 $A(X)=X^2+3X-5$(위)와 $B(X)=X^2-2X+1$(아래)은 같은 속도로 무한대로 간다.

것이다(하지만 이보다 **훨씬** 더 정확한 정보가 들어 있을 것으로 예상된다).

이 마지막 명제는 그 정확성에서 리만 가설(일단 그것이 증명된다면!)에 한참 못 미치는 $\mathrm{Li}(X)$와 $\pi(X)$ 사이의 관계를 알려 준다. 정확성은 좀 떨어져도 이 명제의 장점은 현재 그것이 사실임이 밝혀졌다는 것이다. 실제로 입증된지 백 년도 넘은 이 명제는 다음과 같은 이름으로 알려져 있다.

소수 정리 The Prime Number Theorem: $\mathrm{Li}(X)$와 $\pi(X)$는 같은 속도로 무한대로 간다.

$\mathrm{Li}(X)$와 $X/\log(X)$는 같은 속도로 무한대로 가기 때문에, "같은" 정리를 다음과 같이 다른 방식으로 표현할 수 있다.

소수 정리: $X/\log(X)$와 $\pi(X)$는 같은 속도로 무한대로 간다.

그림 17.3 베른하르트 리만(1826–1866)

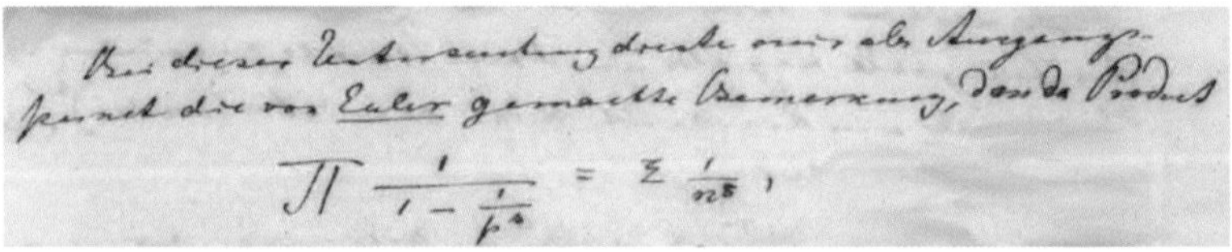

Bei dieser Untersuchung diente mir als Ausgangspunkt die von Euler gemachte Bemerkung, dass das Product

$$\prod \frac{1}{1-\frac{1}{p^s}} = \sum \frac{1}{n^s},$$

그림 17.4 (아마도 수학자 알프레드 클렙쉬Alfred Clebsch로 추정되는) 리만의 동시대인이 적은 글로, 리만의 1859년 논문의 한 사본에서 발췌.

이 사실은 수학에서 정말 어렵게 얻은 결과 중 하나이다! 1896년에 자크 아다마르Jacques Hadamard와 샬레 드라 발레 푸생Charles de la Vallée Poussin이 각각 독립적으로 이를 증명하였다.

소수 정리 증명의 역사에서 획기적 사건은 (우리의 용어로 말하자면) $X/\log(X)$와 $\pi(X)$가 비슷한 속도로 무한대로 간다는 사실을 보인 파프누티 르보비치 체비셰프Pafnuty Lvovich Chebyshev의 이전 연구였다(http://en.wikipedia.org/wiki/Chebyshev_function 참고).

그러나 난해한 **리만 가설**은 소수 정리보다 훨씬 더 심오하다. 1859년 베른하르트 리만Bernhard Riemann은 **"주어진 수보다 작은 소수들의 개수에 관하**

여On the number of primes less than a given magnitude"라는 제목의 8쪽짜리 위대한 논문을 발표하였다. 경이롭지만 난해한 이 논문 속에서 리만 가설이 태어났다. (미주 [11] 참고)

현재까지의 해석에 의하면, 리만 가설이 이 주제의 다양한 분야들에서 중요한 핵심 열쇠로 자꾸자꾸 나타난다. 당신이 리만 가설을 **가설**로 받아들이면, 자유자재로 쓸 수 있는 엄청나게 강력한 수단을 가진다. **정수론에서는 초점을 선명하게 해 주는 수학적 확대경을 가진 셈이다.** 그러나 리만 가설은 또한 경이로울 정도로 변화무쌍한 성질을 지니고 있다. 리만 가설을 수학적으로 표현하는 방식은 무수히 많고, 그 표현들은 모두 서로 동치이다.

리만 가설은 오늘날까지 증명되지 않은 채 남아있다. 따라서 그것은 오시안더Osiander가 코페르니쿠스의 이론에 붙인 설명처럼 "그저 가설"일 뿐이다. 그러나 리만 가설을 뒷받침하는 압도적으로 많은 이론적 증거와 수치적 증거가 있다. 동시대인인 네덜란드 수학자 프랑 오르트Frans Oort는 대단히 광범위하게 영향을 미치는 추측에 **번져나가는 추측**suffusing conjecture이라는 이름을 붙였는데, 리만 가설이 바로 그런 종류의 추측이다. **RH**라 널리 알려진 리만 가설의 추측이 참이라면, 그로부터 정말로 많은 다른 결과들이 나온다고 알려져 있다. 그러므로 앞의 9장에서 논의한 바에 따르면 RH의 증명은 **응용** 범주에 들어갈 것이다. 그러나 우리가 RH를 어떻게 분류하건 간에, 그 증명(혹은 반례!)을 찾는 일은 수학계에서 주된 관심사 중 하나이다. RH는 수학 전반에서 매우 비중이 높은 명제 중 하나다.

18 소수의 계단에 담긴 정보

우리는 마커스 드 사토이Marcus du Sautoy의 『소수의 음악*The Music of Primes*』이라는 유명한 책에서 "소수의 계단"이라는 표현을 빌려왔다. 왜냐하면 이 말이 (*N*까지) 소수들의 개수의 누적 그래프에 깊숙이 숨겨진 구조가 존재한다는 느낌을 자아내기 때문이다. 우리는 이 계단을 약간 손보려고 한다. 우리가 그렇게 하기 전에, **그림** 18.1에서 이 계단이 각기 다른 스케일에서 어떻게 보이는지 다시 살펴보자.

이 계단의 미스터리는 그 안에 담긴 **정보**가 사실상 소수들이 어디에 놓여있는지에 관해 전부 이야기해준다는 것이다. 이 이야기를 단순하게 설명하는 건 불가능한 듯이 보인다. 우리가 이 귀중한 정보들을 손상시키지 않으면서 이 계단을 "손볼" 수 있을까?

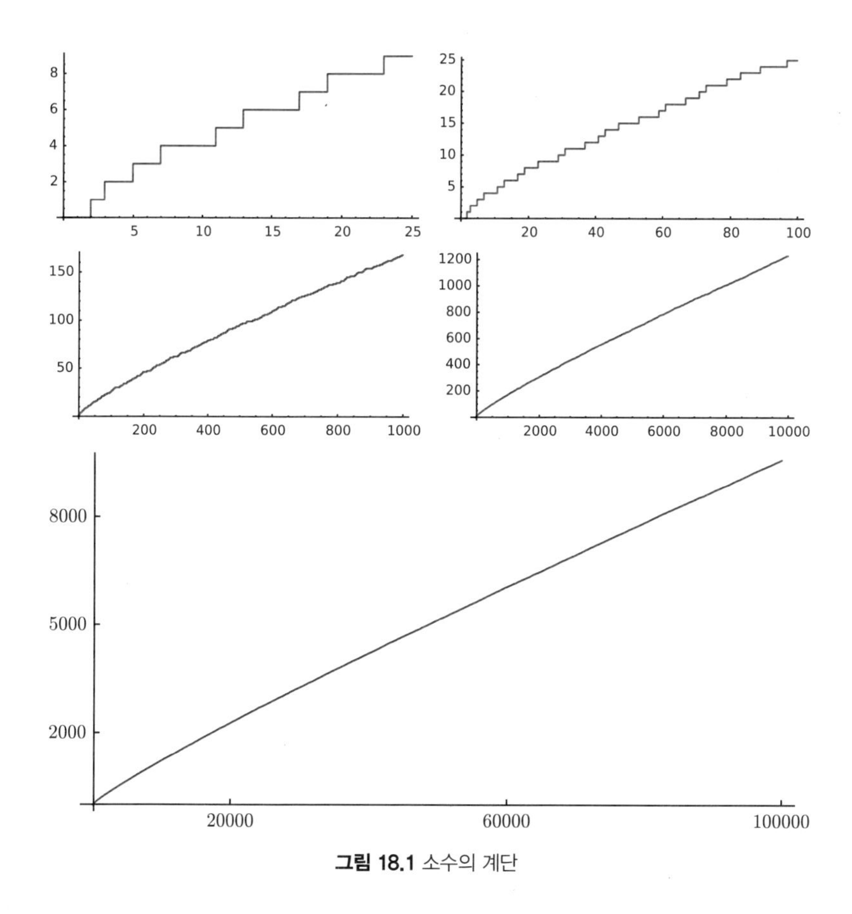
8
6
4
2
5
10
15
20
25
25
20
15
10
5
20
40
60
80
100
150
100
50
200
400
600
800
1000
1200
1000
800
600
400
200
2000
4000
6000
8000
10000
8000
5000
2000
20000
60000
100000

그림 18.1 소수의 계단

19 소수의 계단 손보기

시작에 앞서, 소수의 계단에서 (수직한) 칸들은 모두 단위 높이를 가짐을 유의하자. 즉, 계단은 x축에서의 위치를 제외하고는 어떤 수치적 정보도 포함하지 않는다. 따라서 우리는 각 계단의 높이를 (우리가 원하는 방식으로) 변화시켜서 계단을 변형시킬 수 있다. 새로운 계단을 등장시키지 않는 한(혹은 오래된 계단을 없애버리지 않는 한), 또는 x축 위에서 계단의 위치를 바꾸지 않는 한, 우리는 원래 계단의 정보를 모두 그대로 지니고 있는 셈이다.

사실 우리는 신중하면서도 좀 더 과감하게 계단에 새로운 칸을 추가하려 한다. 지금은 각 소수 p마다 계단이 한 칸씩 올라가며, 그 외에는 올라가는 칸이 없다. 여기서 각 소수 p에 대해 $x=p$에서뿐만 아니라 $x=1$에서와, 소수의 모든 거듭제곱에 해당하는 $x=p^n$에서도 한 칸씩 올라가도록 새로운 계단을 만든다고 가정하자. 이런 계단은 실제로 원래 계단보다 더 많은 칸을 가지지만, 여전히 원래 계단의 성질 중 많은 것들을 그대로 지니고 있을 것이다. 즉, 새로운 계단에는 소수의 위치와 그 거듭제곱의 분포에 관한 정보가 모두 들어 있다.

우리가 할 수 있는 마지막 일은 어떤 특정한 방식으로 (우리가 원하는 대로 x축을 더 길게 하거나 더 짧게 만들어) x축에 변형을 가하는 것이다. 단, 원한다면 그 역과정을 수행하여 "변형을 되돌릴" 수 있어야 한다. 분명 그런 조작은 계단을 심각하게 훼손시킬지 모르지만, 돌이킬 수 없을 정도로 정보를 파괴하지는 않는다.

앞으로 이런 종류의 세 가지 조작을 모두 실행해 볼 것이다. 그 결과로 독자들은 정말 놀라운 걸 보게 될 것이다. 그러나 지금은 처음 두 유형의 변형만 해 볼 것이다. 우리에게 필요한 소중한 정보는 간직하는 새로운 계단을 다음과 같은 건축 계획에 따라 만들어 보자.

- 우선 정확히 $x=1$과 모든 소수의 거듭제곱 $x=p^n$ $(n \geq 1)$에서 한 칸씩 올라가는 계단을 만든다. 즉, $x=1, 2, 3, 4, 5, 7, 8, 9, 11, \cdots$에 새로운 계단을 만든다.

- 우리의 계단은 $x=0$일 때 바닥에서 시작하고, $x=1$일 때 올라가는 계단 한 칸의 높이는 $\log(2\pi)$다. $x=p^n$에서 계단 한 칸의 높이는 (예전의 소수의 계단에서 모든 계단 한 칸의 높이였던) 1이 아니다. $x=p^n$에서 올라가는 계단의 높이는 $\log p$이다. 따라서 앞에서 나열했던 처음 몇 계단에서 각 계단의 높이는 $\log(2\pi)$, $\log 2$, $\log 3$, $\log 2$, $\log 5$, $\log 7$, $\log 2$, $\log 3$, $\log 11$, $\cdots$이 된다. $\log(p)>1$이므로 계단의 수직 높이가 더 가파른 오르막을 만들겠지만,* 많은 정보 손실은 일어나지 않는다. 우리의 건축 작업이 다 끝난 것은 아니지만, 그림 19.1은 이제까지 만든 우리의 새로운 계단이 어떤 모습인지 보여주고 있다.

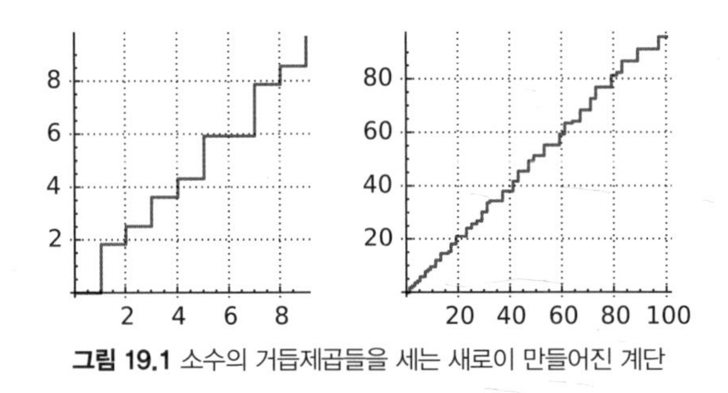

그림 19.1 소수의 거듭제곱들을 세는 새로이 만들어진 계단

지금까지 만든 이 새로운 계단은 45도 각도의 직선 형태로, 단순한 함수 $f(X)=X$에 근사되는 것처럼 보임을 주목하자. 사실 우리는 이 새로운 구성에 의해 리만 가설의 두 번째 수학적 **동치** 표현을 만들어 내었다. 이를 위해 그림 19.1의 그래프가 나타내는 X에 대한 함수를 $\psi(X)$라 하자. (미주 [12] 참고)

리만 가설 (두 번째 공식화)

이 새로운 계단은 45도 각도의 직선에 가까운, 본질적인 제곱근 근사다. 즉 함수 $\psi(X)$는 함수 $f(X)=X$에 가까운, 본질적인 제곱근 근사다. 그림 19.2를 보라.

왜 리만 가설에 대한 우리의 첫 번째 공식화와 두 번째 공식화가 동치인지 이해하지 못했다 해도 걱정할 필요는 없다. 우리의 목표는 두 번째 공식화(수학자들은 첫 번째 것과 동치임을 아는, 리만의 추측을 말로 표현하는 한 방식)를 살펴보면서, "얼마나 많은 소수가 존재하는가?"라는 질문에 리만

* $p=2$인 경우에는 $\log 2 \fallingdotseq 0.693<1$이므로, 이 식은 $p>2$인 경우에만 성립한다. 하지만 $p=2$인 경우 $x=2^n$에서 계단이 추가되므로, 여전히 새로운 계단은 더 가팔라진다. — 옮긴이

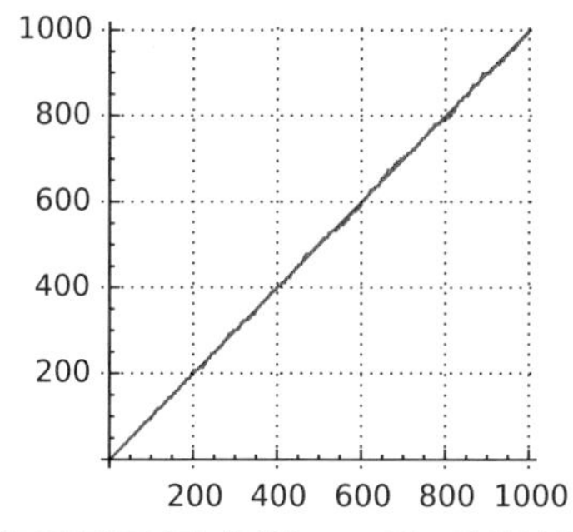

19.2 새로이 만들어진 계단은 45도 각도의 직선에 가깝다.

이 제시했던 답을 다양한 동치인 명제로 표현해 보려는 것이다. 또한 아무리 첫인상이 변덕스러워 보이는 소수라도, 어떤 공식화에서는 소수들의 양상이 -명백하게 드러나지는 않지만- 놀라울 정도의 단순성을 보인다는 점을 알리는 것도 우리의 목표이다. 어쨌든 45도 각도의 직선보다 더 단순한 것이 무엇이 있겠는가?

20 도대체 컴퓨터 음악 파일과 데이터 압축, 소수가 서로 무슨 상관이 있을까?

모든 종류의 소리—특히 음악 소리—는 공기 분자의 진동으로, 대략 초속 340m의 속도로 이동한다. 이 진동—압력의 변동—은 종종 수평축은 시각에, 수직축은 해당 시각에서의 압력에 대응하는 그래프로 표현되거나 "그림으로 그려진다." 가장 단순한 소리—단일하게 유지되는 음—를 그림으로 그리면 아래("사인파sine wave"라고 부른다)와 같다(그림 20.1 참고). 따라서 고정된 위치에서 이 소리로 인한 공기 압력을 측정한다면, 정점은 변하는 공기 압력이 최대 혹은 최소인 시각에 대응되고, 영점은 공기 압력이 보통 압력인 시각에 대응될 것이다.

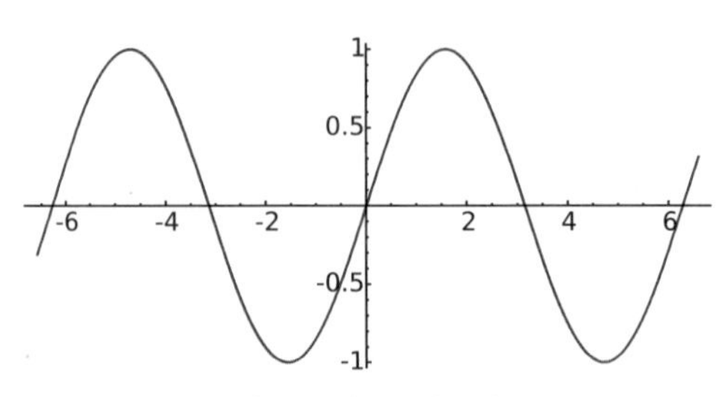

그림 20.1 사인파의 그래프

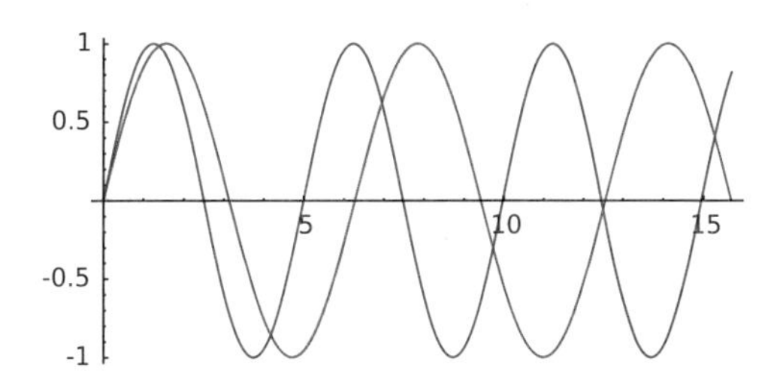

그림 20.2 서로 다른 진동수를 가지는 두 사인파의 그래프

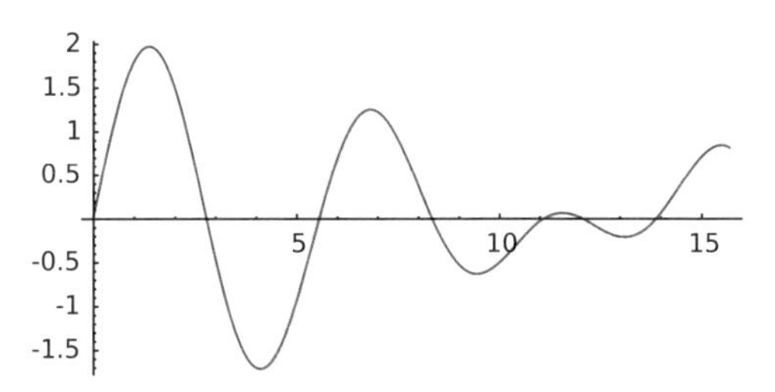

그림 20.3 서로 다른 진동수를 가지는 두 사인파의 합의 그래프

그림 20.1의 그래프에는 두 가지 특징이 있다.

1. 이 사인파의 정점들의 높이: 이 높이는 **진폭**amplitude이라고 불리며, 소리의 세기에 대응된다.
2. 초당 정점의 개수: 이 수는 **진동수**frequency라고 불리며, 소리의 높이에 대응된다.

물론, 음악에서 단일하게 유지되는 순수한 한 음만 주어지고 다른 음이 전혀 없는 경우는 극히 드물다(아마 아예 없을 것이다). 그 다음으로 가장 단순한 소리는 단순화음(예를 들면 어떤 전자 악기에서 함께 연주되는 순정음에 가까운 C와 E)일 것이다. 그 그래프는 각 순정음 그래프의 합이다. (그림 20.2 및 20.3 참고)

따라서 이 화음의 진동수들의 변화 그래프는 상당히 복잡한 형태가 된다. 이 그래프에 나타난 것은 두 사인파(C와 E 음)로, 두 음이 (그 둘이 동시에 시작한다는 의미로) **같은 위상**phase**으로** 연주될 때의 모습이다. 그러나 E 음을 조금 후에 시작하면, 두 음이 서로 다른 위상 관계를 가지면서 연주된다. 그 예가 **그림 20.4**와 20.5이다.

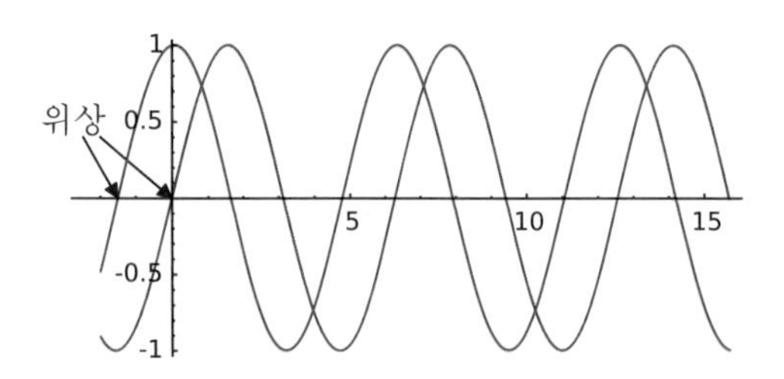

그림 20.4 다른 위상을 가지는 두 "사인"파의 그래프

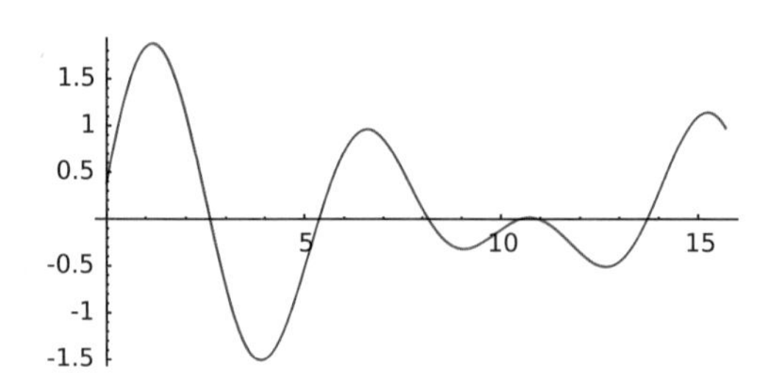

그림 20.5 다른 진동수와 위상을 가지는 두 "사인"파의 합의 그래프

따라서 위의 그림으로 나타낸 화음의 재구성을 위해 **필요한 것이라곤** 다섯 개의 수를 아는 것이다.

- 두 진동수 – 소리를 만드는 진동수들의 집합을 소리의 **스펙트럼**spectrum이라고 부른다.
- 이 두 진동수 각각에 대한 두 **진폭**
- 둘 사이의 **위상**

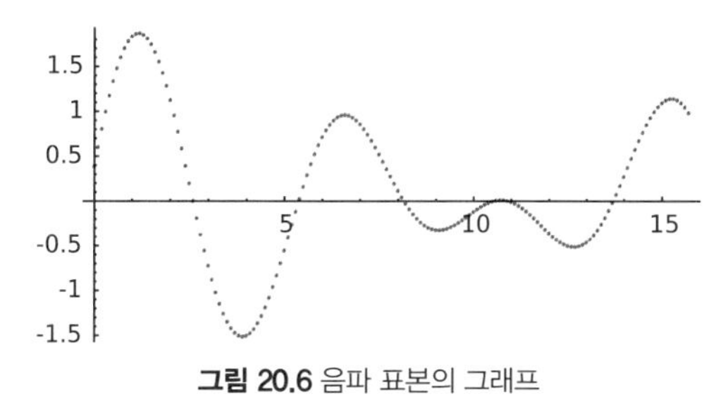

그림 20.6 음파 표본의 그래프

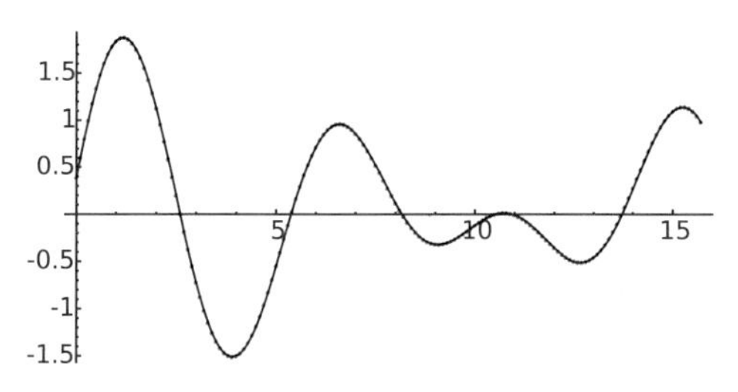

그림 20.7 그림 20.6에 나머지 점들을 채워 넣은 그래프

이제 **그림** 20.5에 그려진 것 같은 소리와 우연히 마주쳤고, "그것을 녹음하고" 싶다고 가정해 보자. 이때 한 가지 방법은, 예를 들면 **그림** 20.6처럼 다양한 시각에서 그 소리의 진폭의 표본을 얻는 것이다.

그 다음, **그림** 20.7을 얻기 위해 나머지 점들을 채워 넣자.

그러나 위에서 설명한 다섯 개의 수를 저장하는 일과 비교해 볼 때, 이러한 표본 추출은 어마어마한 양의 저장 공간을 차지할 것이다! 현재 오디오 CD는 적절한 음질을 얻기 위해 초당 44,100개의 표본 추출을 사용한다.

또 다른 방법은 **스펙트럼**, **진폭**, **위상**으로 이루어진 5개의 수를 간단하게 기록하는 것이다. 놀랍게도 이것이 우리 귀가 소리를 처리하는 방식인 듯하다.*

이 가장 간단한 예(순정화음인 동시에 연주되는 순정음 C와 순정음 E)

그림 20.8 장 밥티스트 조제프 푸리에Jean Baptiste Joseph Fourier(1768–1830)

에서조차 화음의 그림을 **스펙트럼**, **진폭**, **위상**의 다섯 개 수로만 분석하는 방식이 보여주는 즉각적 보너스 효과, 즉 **데이터 압축 효율**efficiency of data compression은 정말 놀라울 정도이다.

일반적으로 **푸리에 해석학**Fourier Analysis이라 불리는 이런 유형의 해석학이 수학사의 영광스러운 장 하나를 장식하고 있다. 어떤 소리의 **스펙트럼**과 **진폭**을 그림으로 나타내는 한 가지 방법은 소리의 **스펙트럼 그림**이라 부를 수 있는 막대그래프를 사용하는 것이다. 이 그래프에서 가로축은 진동수를 나타내고, 세로축은 진폭을 나타낸다. 특정 진동수에서 막대의 높이는 소리 "속에서" 그 진동수의 진폭에 비례한다.

따라서 CE 화음의 스펙트럼 그림은 **그림 20.9**가 된다.

이 스펙트럼 그림은 위상을 무시하고 있지만, 그럼에도 불구하고 소리를 훌륭히 묘사한다. 어떤 그래프의 스펙트럼 그림을 보면, 그 그래프

* https://homepages.abdn.ac.uk/mth192/pages/html/maths-music.html로부터 데이브 벤슨Dave Benson의 훌륭한 책 『음악: 수학의 선물*Music: A Mathematical Offering*』을 다운 받기를 권한다. 이는 무료이며, '듣기'의 최고 메커니즘, 그리고 음악의 수학을 아름답게 설명한다.

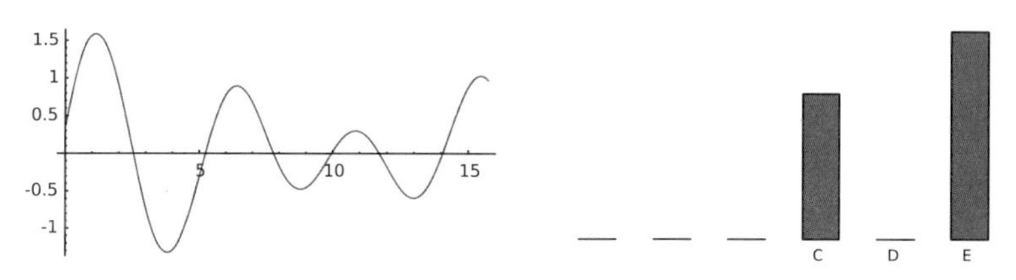

그림 20.9 CE 화음의 스펙트럼 그림

가 "순수한 파동 여러 개의 중첩에 의해 만들어졌음"을 알게 된다. 그리고 그 그래프가 충분히 복잡하면, 그 소리를 만들기 위해 분명 **무한히** 많은 순수한 파동이 필요했을 거라고 생각할 것이다! 푸리에 해석학은 임의의 그래프(앞에서는 소리를 나타내는 그래프만 고려했지만, 임의의 그래프에 대해서도 마찬가지이다)로 시작하여, 실제로 그 스펙트럼 그림을 계산할 수 있게 (그리고 위상들도 쫓아갈 수 있게) 해 주는 수학적 이론이다.

어떤 그래프로부터, 다 함께 그 그래프를 구성하는 순수한 사인파들의 진동수, 진폭, 위상을 나타내는 스펙트럼 그림을 얻는 연산을 **푸리에 변환**Fourier transform이라 부른다. 오늘날에는 컴퓨터를 통해 위상에 관한 정보를 포함한 정확한 스펙트럼 그림, 즉 정확한 **푸리에 변환**을 아주 빠르게 얻을 수 있다. (미주 [13])

이 연산을 뒷받침하는 이론(어떤 그래프에 대한 스펙트럼 분석을 주는 푸리에 변환)은 그 자체로 상당히 아름답다. 하지만 현대 컴퓨터의 힘 덕분에 우리가 스스로 이 연산들을 순식간에 수행할 수 있었으며, 어떻게 음

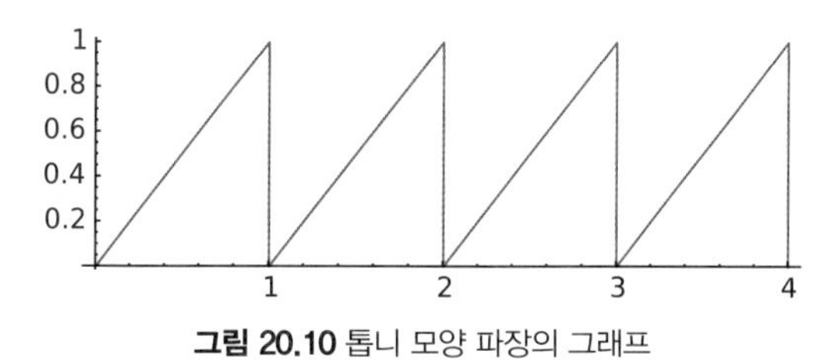

그림 20.10 톱니 모양 파장의 그래프

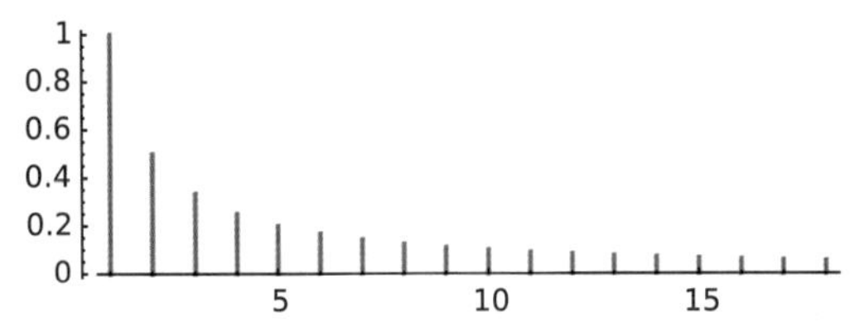

그림 20.11 톱니 모양 파동의 스펙트럼은 각 정수 k에서 높이 $1/k$의 스파이크(spike)를 가진다.

파가 단순한 음들의 중첩으로 만들어질 수 있는지를 쉽게 이해할 수 있게 되었다는 점 또한 인상적이다.

그림 20.10의 **톱니 모양** 파동의 푸리에 변환은 **그림** 20.11의 스펙트럼으로 주어진다.

그림 20.12에 나온 것 같은 복잡한 음파를 기록한다고 가정하자. 표준적인 오디오 CD는 앞서 언급했듯이 집중적 표본 추출로 데이터를 기록한다. 이와 달리, 현재의 MP3 오디오 압축 기술은 푸리에 변환과 함께, 인간의 귀가 어떤 진동수를 들을 수 있는지에 관한 지식에 기초한 섬세한 알고리즘을 사용한다. 그 결과, MP3 기술은 **인간이 알아차릴 수 있는** 음질 손실이 거의 없게 8－12배의 압축을 해냄으로써, 당신이 가장 좋아하는 CD 몇 장만이 아니라 당신의 음악 컬렉션 전체를 휴대폰에 저장할 수 있게 되었다.

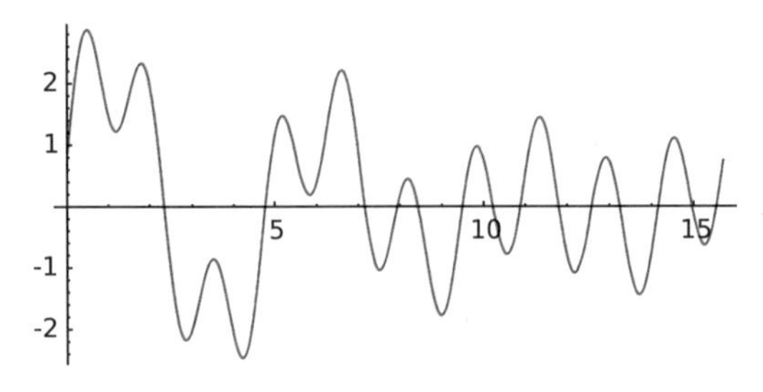

그림 20.12 복잡한 음파

21 "스펙트럼(Spectrum)"이라는 단어

이 단어가 수많은 용도와 의미를 가지면서 과학 문헌에 끊임없이 등장한다는 사실은 흥미롭다. 이 단어는 **보다**라는 뜻의 동사와 관련 있는, "이미지" 혹은 "모습"이라는 뜻을 지닌 라틴어(더 오래된 형태는 specere이고, 나중 형태는 spectare)에서 유래되었다. 오늘날 스펙트럼의 의미는 대

그림 21.1 언덕 위로 올라가는 무지개

부분, 분석하고자 하는 것의 구성 성분을 명확히 보게 해 주는 어떤 절차나 분석과 관련 있다. 이전 장에서 논의한 것처럼 종종 이 구성 성분들은 어떤 연속적인 범위에서 구성된다.

옥스퍼드 영어 사전은 스펙트럼이라는 단어의 많은 용법 중 하나를 다음처럼 설명한다.

> 두 극단적인 혹은 정반대 지점 사이의 범위에서 어떤 것의 위치에 관하여 그것을 분류하거나, 혹은 분류할 수 있다고 제안하는 데 사용됨.

맨 처음 뉴턴에 의해 시작되었듯이 이는 색 스펙트럼을 분류할 때 적용되어(위의 그림에서처럼 태양빛은 프리즘을 통해 무지갯빛 색의 연속체로 분해된다), 백색광이 그 성분들로 분해된다. 혹은 질량 분석의 경우, 이온들의 빛줄기가 그 질량/전하의 비율에 따라 분리(분석)되어 사진판이나 필름 위에 질량 스펙트럼으로 기록된다. 또는 특정 소리를 분석하여 다양한 성분 주파수 및 각각에 대응하는 세기intensity를 기록할 수 있다.

수학에서도 스펙트럼이라는 단어가 다양한 분야에서 사용되고 있음을 발견할 수 있다. 우선 기본적으로 푸리에 해석에서 사용된다. 푸리에 해석은 어떤 함수 $f(t)$를 더 간단한 함수들(특히 사인과 코사인 함수)로 **분해**analyzing하거나, 특정 함수를 만들기 위해 더 간단한 함수들을 결합시켜서 그 함수를 **합성**synthesizing해 내는 것을 목표로 삼는다. 이 장과 앞 장의 내용에 따르면, $f(t)$를 더 단순한 함수들로 구성된 것으로 분해함으로써 $f(t)$의 구조에 대해 훨씬 더 분명한 이미지를 얻을 수 있음을 알 수 있을 것이다. 매우 특별한 예를 생각해 보자. $f(t)$의 합성을 위해 필요한 단순한 함수들이 $a\cos(\theta t)$ 형태이고(여기서 a는 이 주기 함수의 **진폭** 혹은 정점들의 크기인 어떤 실수이다), $f(t)$가 실수들의 수열 $\theta_1, \theta_2, \theta_3, \cdots$에 대하여

$$a_1 \cos(\theta_1 t) + a_2 \cos(\theta_2 t) + a_3 \cos(\theta_3 t) + \cdots\cdots$$

의 극한으로서 주어진다면(즉, 이 단순한 함수들이 주기가 $\frac{2\pi}{\theta_1}, \frac{2\pi}{\theta_2}, \frac{2\pi}{\theta_3}, \cdots$인 함수들이라면), 이 θ_i들을 $f(t)$의 **스펙트럼**이라고 부르는 것이 자연스러울 것이다. 이러한 내용은 나중에 삼각함수들의 합과 **리만 스펙트럼**에 대해 이야기할 때 다시 등장할 것이다.

22 스펙트럼과 삼각함수들의 합

20장에서 보았던 것처럼 순정음은 주기적인 **사인파** 한 개－시간에 관한 함수 $f(t)$－로 나타낼 수 있으며, 그 방정식은 다음과 같다.

$$f(t)=a\cdot\cos(b+\theta t)$$

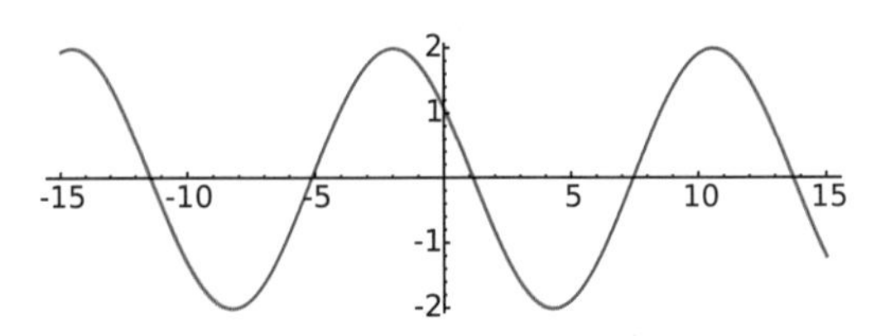

그림 22.1 주기적인 사인파 $f(t)=2\cdot\cos(1+t/2)$의 그래프

각도 θ는 주기적 파동의 **진동수**를 결정한다. θ가 클수록 "음의 높이"가 더 높다. 계수 a는 주기적 파동의 크기의 범위를 결정하며, 주기적 파동의 **진폭**이라 불린다.

때때로 우리는 순정음이 아닌 함수 $F(t)$와 맞닥뜨리지만, 이는 순정음들의 유한합으로 표현할 수 있다(혹은 "분해된다"고 말할 수 있다). 예를

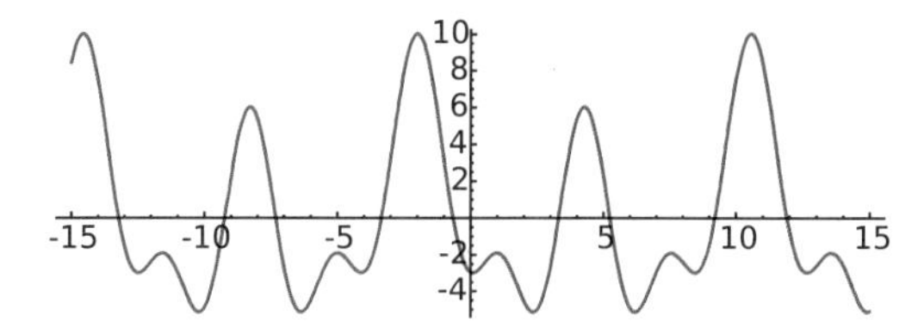

그림 22.2 합 $5\cos(-t-2)+2\cos(t/2+1)+3\cos(2t+4)$의 그래프

들면 다음과 같다.

$$F(t)=a_1\cos(b_1+\theta_1 t)+a_2\cos(b_2+\theta_2 t)+a_3\cos(b_3+\theta_3 t)$$

그림 22.2와 같은 함수 $F(t)$를 **삼각함수들의 유한합**이라고 부르는데, 그 이유는 진짜 그러하기 때문이다. 위의 예에는 3개의 진동수, 즉 $\theta_1, \theta_2, \theta_3$이 관련되어 있으므로, $F(t)$의 **스펙트럼**은 이 진동수들의 집합이라고 말한다. 즉,

$$(F(t)\text{의 스펙트럼})=\{\theta_1, \theta_2, \theta_3\}.$$

일반적으로 임의의 순수한 코사인파 유한개의 합을 고려할 수 있다. 잠시 후에 우리는 몇몇 무한 합들도 살펴볼 것이다. 이 더 일반적인 삼각급수의 **스펙트럼**은 그것을 구성하는 진동수들의 집합을 나타낼 것이다.

23 스펙트럼과 소수의 계단

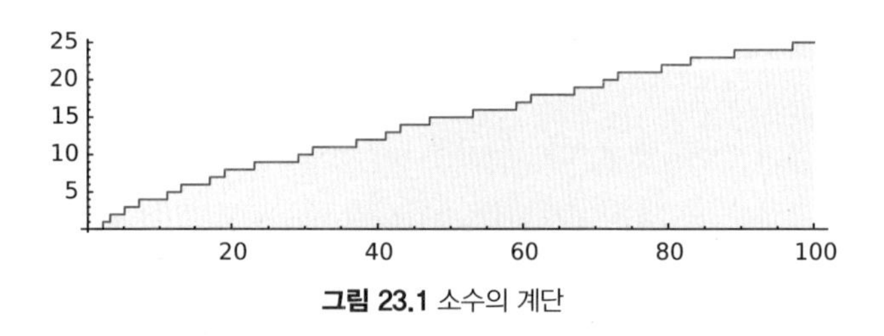

그림 23.1 소수의 계단

데이터 압축이라는 푸리에 해석의 놀라운 장점을 고려할 때, 다음 질문들이 자연스럽게 등장한다.

- 소수의 계단의 복잡한 그림을 더 잘 이해하기 위해서 푸리에 해석을 이용할 방법이 있는가?
- 이 소수의 계단(또는 아마도 동일한 기본 정보를 포함하는 계단의 변형)은 **스펙트럼**을 가지는가?
- 그런 **스펙트럼**이 존재한다면, 앞서 본 톱니 모양 파동이나 장3도 CE 화음에 대해 했던 것처럼 그것을 간단히 계산할 수 있는가?

- 스펙트럼이 존재하고 또 계산할 수 있다고 가정하면, 이 스펙트럼에 대해 잘 이해하면 자연수 전체에서 소수들의 위치에 대한 모든 관련 정보를 우아하고 믿을만하게 재생산할 수 있는가?
- 그리고 여기 가장 중요한 질문이 있다. 그 스펙트럼은 우리에게, 그것이 없었다면 알지 못했을, 소수의 계단 속에 숨어있는 질서와 구조를 보여 줄 것인가?

기이하게도 리만 가설은 이와 같은 질문들로 우리를 이끈다. 우리는 소수에 대한 단순한 질문, 즉 '어떻게 소수의 개수를 셀 것인가?'라는 질문으로 시작했지만, 이 질문은 그 구조가 감추고 있는 심오한 규칙성을 찾도록 우리를 이끈다.

24 1부의 독자들에게

45도 각도의 직선(**본질적으로 제곱근 정확도**를 가질 것으로 추측되는)에 점점 더 다가가는 새로운 계단을 생각하면, 리만가설은 –이전만큼이나 모호하긴 하지만– 적어도 더 우아하고 단순하게 표현된 셈이다.

우리는 동치인 리만 가설의 두 가지 공식화를 제시했다. 두 공식화 모두 자연수 전체에서 소수들이 놓여있는 방식과 연관되어 있다.

이를 통해 –돈 자이에의 말에 따르면– 소수들이 우연의 법칙 외에는 다른 어떠한 법칙도 따르지 않는 것처럼 보이지만, 여전히 깜짝 놀랄 만한 규칙성을 보여준다는 것을 독자들이 확신하길 바란다. 이로써 우리 책의 1부가 끝난다. 기초적인 언어로 **리만 가설이 무엇인가?**를 설명하고자 했던 우리의 주된 임무가 거의 마무리되었다.

2부에서는 미분학을 공부했던 독자들을 대상으로 푸리에 해석에 관한 이야기를 하려고 한다. 이는 3부에서 사용될 기본적 수단으로, 거기서 우리는 리만 가설이 어떻게 소수들의 더 깊은 구조와 소수들이 따르는 법칙의 속성을 풀어 낼 열쇠를 제공하는지를 보여줄 것이다. 우리는 위의 일련의 질문들에 이제까지 어떤 대답들이 나왔는지, 그리고 어떻게 리만 가설이 이 일련의 질문들 중 마지막 질문에 놀라운 단서를 제공하는지에 관해 (설명하지는 않을지라도) 적어도 힌트를 주려고 한다.

MEMO

MEMO

MEMO

MEMO

MEMO

2부 초함수(Distribution)

25 미적분학은 기울기가 없는 그래프의 기울기를 어떻게 구할 수 있을까?

뉴턴과 라이프니츠에 의해 1680년대에 처음 만들어진 미분학differential calculus은 우리에게 흔히 실변수 함수의 그래프의 접선의 **기울기**로 익숙하다. 따라서 이를 논하기 위해서는 **함수**가 무엇이고, 또 함수의 **그래프**가 무엇인지에 대해 이야기해야 할 것이다.

그림25.1 아이작 뉴턴과 고트프리트 라이프니츠가 미적분학을 만들었다. "영국의 수학자이자 물리학자인 아이작 뉴턴 경"(좌)과 "고트프리트 빌헬름 폰 라이프니츠의 초상"(우).

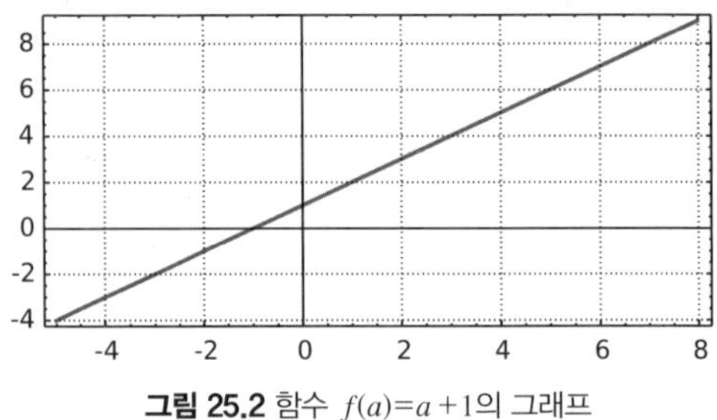

그림 25.2 함수 $f(a)=a+1$의 그래프

함수function(여기서는 이를 f라 하자)는 임의의 특정한 입력값인 수 a에 대하여 잘 정의된 수를 출력값으로 주는 **일종의 기계**로 종종 묘사된다.

이 "출력값"을 $f(a)$로 나타내고, 이를 **함수** f**의** a**에서의** "**함숫값**value" 이라고 부른다. 예를 들어 **임의의 수에 1을 더하는 기계**는 임의의 a에서 함숫값이 $f(a)=a+1$이라는 식으로 주어지는 함수 f라고 생각할 수 있다. 종종 우리는 "일반적인 수"를 나타내기 위해 어떤 문자－예를 들면－ X를 선택하고, 함수 f를 $f(X)$라는 기호로 나타낸다. 이 기호는 "X에 특정한 수 a를 대입하여" 그 함숫값 $f(a)$를 얻는다는 뜻이다.

함수의 **그래프**는 유클리드 평면에서 함수에 대한 생생한 시각적 표현을 제공한다. 유클리드 평면에서 x축 위의 모든 점 a에 대하여, a 위쪽으로 a에서의 함숫값, 즉 $f(a)$와 동일한 값을 "높이"로 하는 점을 표시한다. 그 결과물은 데카르트 좌표계에서 모든 실수 a에 대하여 점 $(a, f(a))$를 나타낸다.

이 책에서 우리가 어떤 함수에 관심을 기울이고 있을 때, 그 "그래프"에 대해 자주 언급하게 될 것이다. 이런 측면에서 함수는 곧 그래프라 할 수 있다. 우리는 흥미로운 함수를 논할 때 시각적으로 사고하는 것을 선호하기 때문에 이 두 단어를 거의 같은 의미로 사용할 것이다.

그림 25.3은 어떤 함수(파란색)와, 곡선 위의 한 점에서의 접선의 기울

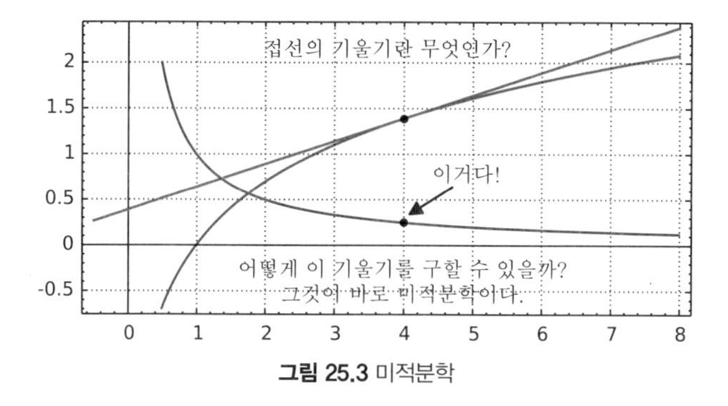

그림 25.3 미적분학

기(초록색 직선), 그리고 그 함수의 도함수(빨간색)를 보여준다. 빨간색 도함수는 어떤 점에서의 함숫값이 그 점에서 파란 함수의 접선의 기울기인 함수이다. 미분학은 그래프의 기울기를 어떻게 구하는지 설명해 준다. 그리고 우리가 기울기를 구할 수 없다면 답할 수 없는 문제들에 대한 답을 제공함으로써 미분학은 자신의 힘을 보여주고 있다.

대개 기초 미적분학 강의에서는 매끈한 그래프의 접선의 기울기만 계산해 보라고 한다. 즉, 방금 위에서 본 그림처럼 곡선 위의 모든 점에서 실제로 접선의 기울기를 **갖는** 그래프 말이다. **그림** 25.4에서처럼 점프하는 그래프와 맞닥뜨리면 미적분학은 대체 무얼 할 수 있을까? (그림 25.4는 순전히 심미적 이유 때문에 점프가 일어나는 점에 수직선을 그렸다. 엄밀히 따지자면,

$$f(x)=\begin{cases}1 & x\leq 3\\ 2 & x>3\end{cases}$$

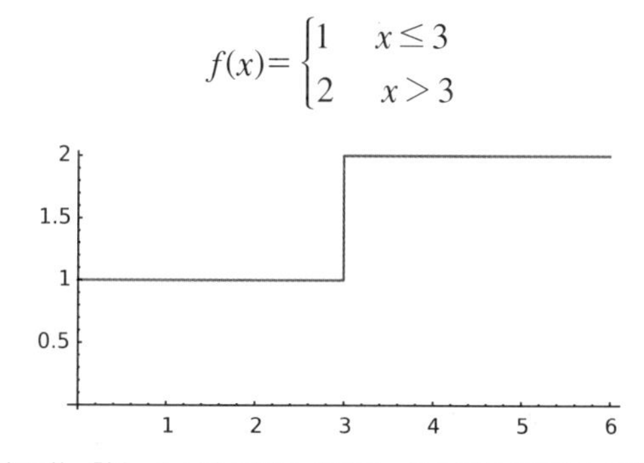

그림 25.4 점프하는 함수 $f(x)$의 그래프. 3까지는 함숫값이 1이고, 3 이후로는 2이다.

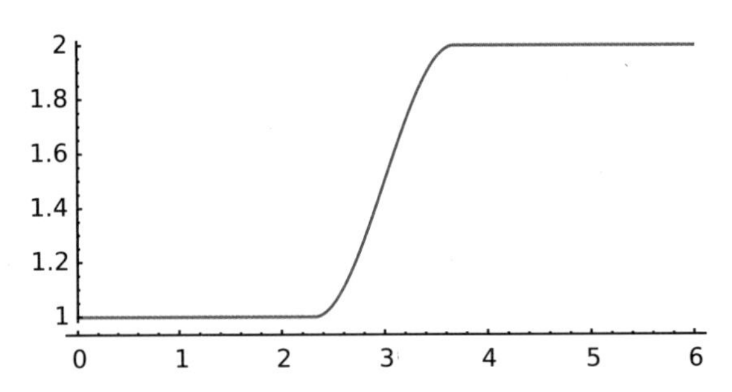

그림 25.5 어떤 점 x까지는 1이고, 그 점 이후로는 2인 그래프로 근사시킨 매끈한 그래프의 그림. 이 그래프도 대부분은 평평하다.

수직선은 그래프의 일부가 아니다)

이러한 함수의 그래프를 다루는 가장 편한 방법은 그저 **그림** 25.5와 같이 이를 미분 가능한 함수로 근사시키는 방법뿐이다.

그런 다음 이 매끈한 함수의 **도함수**를 취하자. 물론 이는 그저 근사일 따름이므로 더 좋은 근사를 만들어 볼 수도 있을 것이다. 아래 **그림** 25.6부터 시작해서 연달아 나오는 몇 개의 그래프들이 그런 것들이다.

(예상할 수 있듯이) 원래 함수가 상수인 영역에서는 그 도함수가 영임을 주목하라. 이어지는 그림들에서 우리의 원래 함수는 $x=3$ 근처의 점점 좁아지는 구간에서만 **상수가 아닌 다른 값**을 갖는다. 또한 다음에 나오는 일련의 그림들에서 y축의 축척이 계속 바뀌고 있음을 유의하라. 원래 함수는 "큰" 음수에 대해 함숫값이 1이며, 큰 양수에 대해서는 함숫값이 2이다.

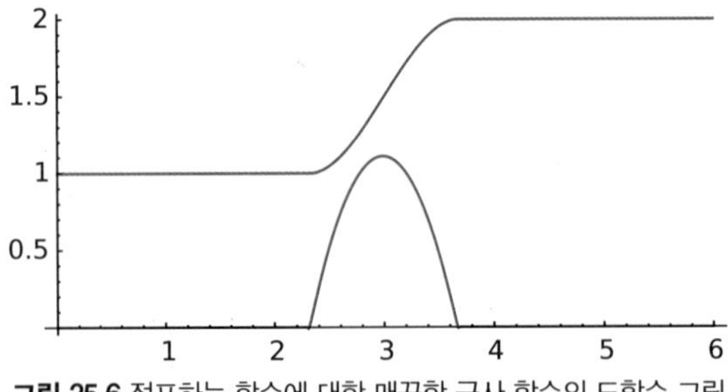

그림 25.6 점프하는 함수에 대한 매끈한 근사 함수의 도함수 그림

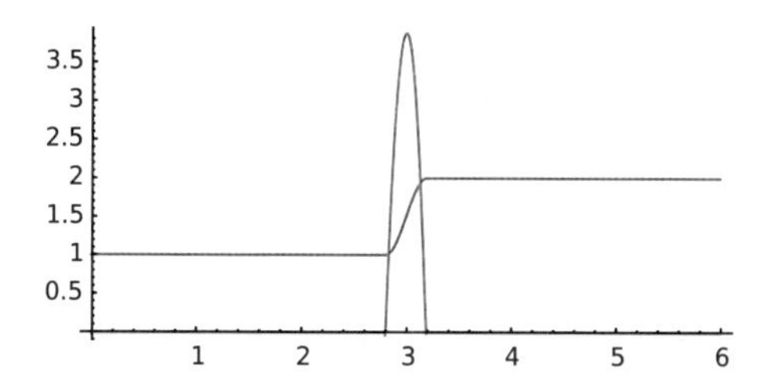

그림 25.7 점프하는 함수에 대한 매끈한 근사 함수의 도함수의 두 번째 그림

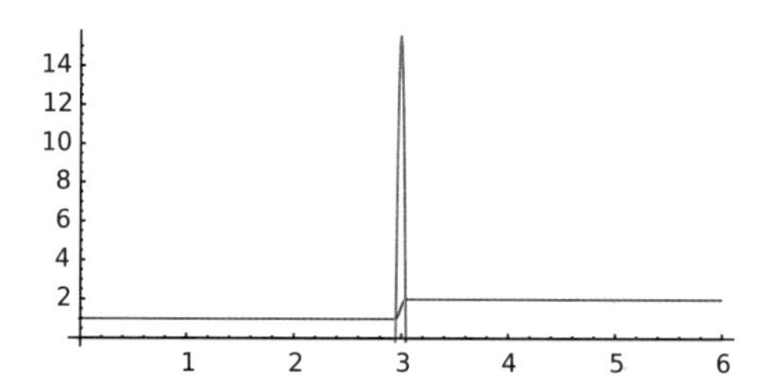

그림 25.8 점프하는 함수에 대한 매끈한 근사 함수의 도함수의 세 번째 그림

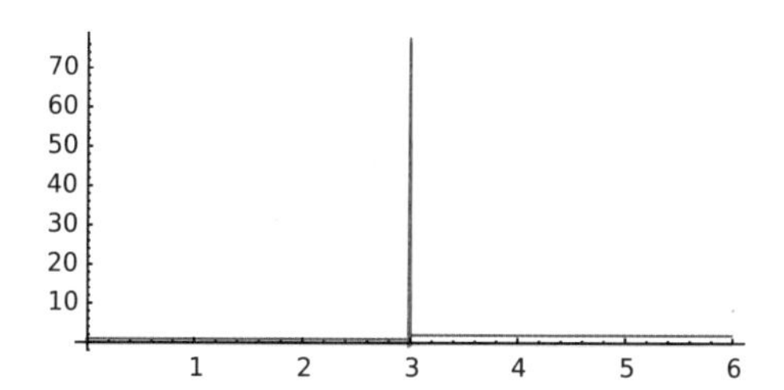

그림 25.9 점프하는 함수에 대한 매끈한 근사 함수의 도함수의 네 번째 그림

무슨 일이 벌어지는지 살펴보자. 근사가 점점 더 좋아질수록, 도함수의 거의 대부분은 0이지만, 불연속인 점에서만 순간적으로 급격한 변화가 발생하고, 그 순간적인 변화의 폭은 점점 더 커진다. 각각의 그림에서 임의의 실수 구간 $[a, b]$에 대하여 그 구간에서 빨간 그래프 아래의 전체 넓이는 다음과 같다.

$x=b$에서의 파란색 그래프의 높이

빼기

$x=a$에서 파란색 그래프의 높이

이는 함수와 도함수를 관련짓는 미적분학의 기본 정리의 핵심 중 하나를 드러낸다.

> 임의의 실수 구간 $[a, b]$에서 (도함수를 가지는) 어떤 실함수 $F(x)$가 주어졌을 때, 그 구간에서 $F(x)$의 도함수의 그래프와 x축 사이의 (부호를 고려한*) 전체 넓이는 $F(b)-F(a)$와 같다.

그림 25.6–25.9 등등 일련의 그림을 **극한으로** 보내면 어떤 일이 일어날까? 상당히 궁금한 문제이다.

- **빨간색 그래프들**: 점점 더 가늘어지고 더 높아진다. (우리가 현재 가지고 있는 그림에서는 그래프가 한없이 가늘고 한없이 높아질지라도) 빨간색 그래프가 그 극한에서 무엇을 뜻하는지 이해할 수 있을까?
- **파란색 그래프들**: 다행히 얌전한 **그림** 25.4에 더더욱 가까워 보인다.

각각의 빨간색 그래프는 그에 대응하는 파란색 그래프의 도함수다. 우리는 빨간색 그래프들의 극한을—이것을 무엇이라고 해석하건 간에— 파란색 그래프들의 극한의 도함수, 즉 **그림** 25.4에 있는 그래프의 도함수로

* $F(x)<0$일 때, 그 넓이를 음수로 생각한다.

간주하려는 유혹에 빠진다.

그 유혹은 너무도 강렬해서, 사실 20세기 초 수학자와 물리학자들은 **빨간색 그래프들의 극한**과 같은 것들에 의미를 부여하기 위해 분투했다. 처음에 수학자들은 이것들을 **일반화된 함수**generalized function라 불렀다. 이것들은 **파란색 그래프들의 극한의 도함수**, 즉 **그림 25.4**의 그래프의 도함수로 간주할 수 있다.

물론 수학이 진보하기 위해서는 한 이론에서 어떤 특정한 역할을 하는 개념들이 전부 애매모호함 없이 정의되어야 한다. 일련의 빨간색 그래프들의 극한과 같은 **일반화된 함수**가 엄밀하게 도입되기까지는 어느 정도 시간이 걸렸다.

그러나 수학 발전의 역사에서 수많은 위대한 순간은, 필요하지만 미처 공식화 되지 않은 개념을 가지고 수학자들이 시험적으로 연구할 때였다. 그들은 필요하다면 정신적인 고통도 잊은 채, 그 개념을 연구함으로써 얻은 경험이 결국 그 개념에 대한 확고한 기반을 다지는 데 도움이 될 것이라는 희망을 갖고 연구에 몰두했다. 예를 들어 대략적인 평균 속력을 극한으로 보냄으로써 순간 속도로 대체하려 했던 초기 수학자들(뉴턴, 라이프니츠)은 후대 수학자들(예를 들면 바이어슈트라스)이 그들이 하고 있던 일에 관한 엄밀한 토대를 만들어 줄 때까지 한참을 기다려야 했다.

19세기 후반에 활동했던 칼 바이어슈트라스Karl Weierstrass는 "현대 해석학의 아버지"로 알려져 있다. 그는 오랫동안 사용해 왔지만 결코 체계적으로 구조화되지 못했던 개념들을 확고하게 형성하는 영광스러운 순간을 연출했다. 그와 당대의 다른 해석학자들은 **함수**, 특히 **연속 함수**와 **매끈한**(즉, **미분 가능한**) 함수들에 대하여 논할 수 있는 정확한 언어를 찾아내는 데 관심이 있었다. 그들은 극한(즉, 수열의 극한, 혹은 함수들의 극한)에 대

그림 25.10 칼 바이어슈트라스(1815-1897)와 로랑 슈바르츠(1915-2002)

해 명확히 이해하고자 했다.

바이어슈트라스와 그의 동료들이 다뤘던 함수가 반드시 매끈하거나 연속일 필요는 없었지만, 최소한 그들이 연구했던 함수는 **잘 정의된, 그리고 대개 유한한 값**을 가지는 함수였다. 그러나 우리의 "빨간색 그래프들의 극한"은 바이어슈트라스가 노력을 쏟아 부은 개념들로는 쉽게 공식화되지 않는다.

그러나 다행스럽게도 빨간색 그래프들에서 보았던 것처럼 매끈한 함수를 통해 불연속 함수를 점점 더 정확하게 근사시키고, '반짝' 함수blip-function(순간적으로 함숫값이 높이 올라갔다 내려오는 함수라는 의미임-편집자)를 얻기 위해 그 도함수를 취하는 일반적인 과정에는 결국 엄밀한 수학적 토대가 주어졌다. 여기서 더 다루지는 않겠지만, 특히 프랑스 수학자 로랑 슈바르츠Laurent Schwartz는 빨간색 그래프들의 극한과 같은 "일반화된 함수"에 완벽한 의미를 부여했고, 이 개념을 가지고 수학자들이 편안하게 연구할 수 있는 아름다운 이론을 제공하였다. 이 "일반화된 함수"를 슈바르츠 이론에서는 **초함수**distribution라 부른다. (미주 [14] 참고)

26 초함수: 무한대로 보내더라도 근사함수 뾰족하게 만들기

0이 아닌 t에서는 함숫값이 사라지고, 0에서는 (그게 무슨 의미이건 간에) 어떤 "무한대" 값을 갖는 "반짝 함수" $f(t)$가, 앞 장에 나온 신기한 **빨간색 그래프들의 극한**이라는 생각은 그럴듯하다. 그 빨간색 그래프들의 극한이 (예전 수학자들의 용어로) **일반화된 함수**, 혹은 로랑 슈바르츠의 용어로 **초함수**의 한 예이다.

그림 26.1 폴 애드리안 모리스 디랙(1902–1984)

이 특별한 **빨간색 그래프들의 극한**은 다른 이름으로 불린다(공식적으로 이 극한은 디랙 델타 함수Dirac δ-function라고 불린다(미주[15] 참고). 여기서 수식어 "디랙"은 처음으로 이 개념을 연구했던 물리학자를 기리기 위한 것이고, 델타 "δ"는 디랙이 이런 대상들에 부여한 기호이다). 사실 "함수"라는 단어에는 "인용부호"를 붙여야 할지 모른다. 엄밀히 말하자면 디랙 델타 함수는 (앞에서 설명했듯이) 진짜 함수가 아니라 초함수이기 때문이다.

지금이 **진짜 함수**honest function와 **일반화된 함수**generalized function 혹은 **초함수**distribution 사이의 주된 차이가 무엇인지 정리할 좋은 시점인 듯하다.

(적분 가능integrable하다는 의미에서) 진짜 실변수 함수 $f(x)$는 두 가지 "특징"을 가진다.

- **함숫값을 가진다.** 즉, 임의의 실수 t, 예를 들면, $t=2$, $t=0$, 혹은 $t=\pi$ 등등에서, 이 함수는 한정된 실수인 함숫값($f(2)$, $f(0)$, 혹은 $f(\pi)$ 등등)을 가지며, **이 함숫값들을 전부 안다면 우리는 그 함수를 안다고 할 수 있다.**
- **그래프 아래 넓이가 잘 정의되어 있다.** 임의의 실수 구간, 이를테면 a와 b사이의 구간이 주어지면, 그 구간에서 함수 $f(t)$의 그래프 "아래"에 놓인 넓이에 대하여 애매모호함 없이 말할 수 있다. 즉 적분학의 용어로 말하자면, **a부터 b까지 $f(t)$의 적분**에 대해 이야기할 수 있다. 미적분학의 기호로는 이를 −라이프니츠 덕분에− 우아하게 다음과 같이 나타낸다.

$$\int_a^b f(t)\,dt$$

반대로, **일반화된 함수**나 **초함수**는

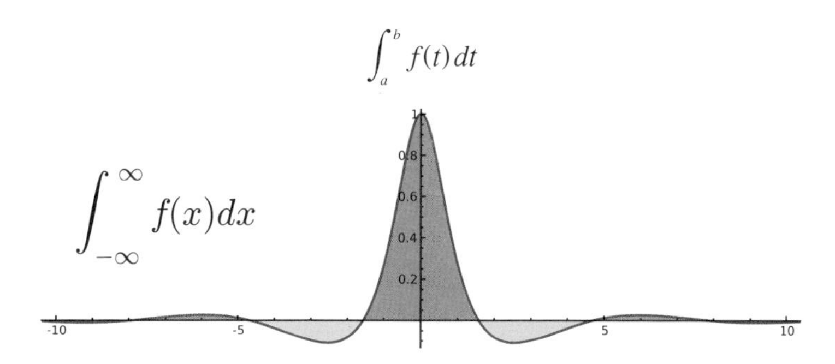

그림 26.2 이 그림은 $\int_{-\infty}^{\infty} f(x)dx$를 보여준다. 이는 $f(x)$의 그래프와 x축 사이의 넓이로, 부호를 고려하여 x축 아래 넓이(노란색)는 음수로, x축 위 넓이(회색)는 양수로 간주한다.

- 진짜 함수가 아니라면 모든 실수에서 **"유한한 값"을 갖지 않을 수 도 있다.**
- 그럼에도 불구하고 **"그래프" 아래 넓이가 잘 정의된다.** 만약 임의의 실수 구간, 예를 들어 a와 b사이의 (열린) 구간이 주어진다면, 우리는 여전히 a와 b**사이의 구간에서 일반화된 함수** $D(t)$**의 그래프 "아래"에 있는 넓이**에 대하여 애매모호함 없이 이야기할 수 있을 것이다. 그리고 이를 −보통의 미적분학에서 나타내는 방식을 확장하여− 다음 기호로 나타낼 것이다.

$$\int_a^b D(t)\,dt$$

이것은 잘 기억해 두어야 할 중요한 설명이다. 이는 함수와 대조적인 "일반화된 함수"(즉, 초함수)를 보다 쉽게 생각할 수 있도록 도와준다. (적분 가능한) 실변수 함수 $f(t)$를 고려해 보자. 각 실수에서 **함숫값**을 구할 수 있고, 모든 구간 $[a, b]$에서 $\int_a^b f(t)\,dt$의 값을 조사할 수 있다. **그러나** 일반화된 함수 $D(t)$가 주어질 때에는 **오로지** 적분값만을 마음대로 다룰 수 있다. 사실, 일반화된 실변수 함수 $D(t)$란 (형식적으로는) 임의의 유한한 구간 $[a, b]$ $(a \leq b)$에서 $\int_a^b D(t)\,dt$라 나타낼 수 있고, 그 구간에서 **마치 어떤 함수의 적분과 비슷하게 행동하는** 수학적인 값을 정한 **규칙**일 따름이다. 특히 일반화된 실변수 함수 $D(t)$는 임의의 세 실수 $a \leq b \leq c$에 대하여 다음의 덧셈법칙을 만족한다.

$$\int_a^c D(t)\,dt = \int_a^b D(t)\,dt + \int_b^c D(t)\,dt$$

따라서 유한 구간에서 적분 가능한 진짜 함수는 분명 초함수이다(그것의 함숫값에 대해서는 잊어버려라!). 그러나 훨씬 더 많은 일반화된 함수가 존재하며, 이들을 고려함으로써 우리는 아주 중요한 수단을 가지게 된 셈이다.

자연스럽게 이야기는 초함수의 코시 수열Cauchy sequence과 극한으로 넘어간다. 초함수의 수열 $D_1(t), D_2(t), D_3(t), \cdots$이 있을 때, 임의의 구간 $[a, b]$에서

$$\int_a^b D_1(t)\,dt,\ \int_a^b D_2(t)\,dt,\ \int_a^b D_3(t)\,dt, \cdots\cdots$$

이 실수로 이루어진 코시 수열을 형성하면(따라서 임의의 $\varepsilon > 0$에 대하여 그 실수 수열의 모든 항들이 결국에는 서로 ε 이내에 있으면), $D_1(t), D_2(t), D_3(t), \cdots$를 **코시 수열**이라 부를 것이다. 이때, 초함수들의 코시 수열 $D_i(t)$는 모든 구간 $[a, b]$에 대하여 다음과 같은 규칙에 의해 정의되는 **극한 초함수**limiting distribution $D(t)$로 **수렴한다**.

$$\int_a^b D(t)\,dt = \lim_{i \to \infty} \int_a^b D_i(t)\,dt$$

그나저나, 어떤 극한으로 균등uniformly 수렴하는 진짜 연속 함수들의 무한 수열이 있다면(그 극한 역시 연속 함수일 것이다), 그 수열은 당연히 —위에

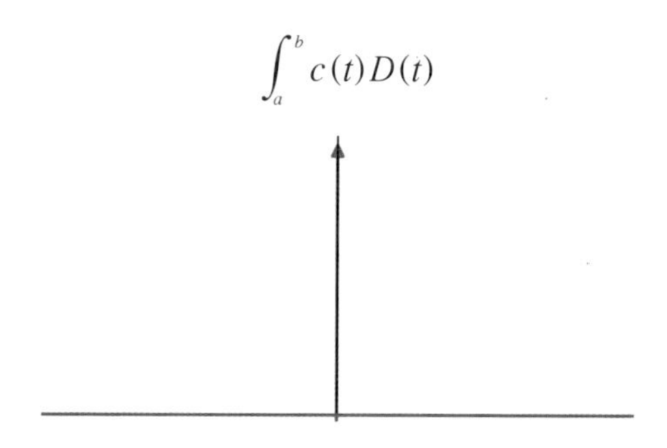

그림 26.3 디랙 δ – "함수"(실제로는 초함수). 여기서는 주어진 점에서 받침support을 가지는* 델타 함수를 나타내기 위해 수직 방향 화살표를 그렸다.

서 정의한 의미로– 이 함수들을 일반화된 함수로 간주할 때와 똑같은 극한으로 수렴한다. **그러나** 균등 수렴하지는 않지만 연속인 진짜 함수들의 수열 중에는, 이것들을 일반화된 함수로 간주하여 그 극한을 취하면 일반화된 함수로 수렴하는 중요한 사례들이 많이 있다. "빨간색 그래프들의 수열"로 되돌아가보면 이를 금방 알 수 있을 것이다. 이 빨간색 그래프들을 일반화된 함수의 수열로 생각해 보면, 이 수열은 (위에서 정의한 의미로) 디랙 δ –함수로 수렴한다.

초함수의 적분 표기법은 아주 유용하다. 덕분에 충분히 모범적인 진짜 함수 $c(t)$에 대하여

$$\int_a^b c(t)D(t)$$

와 같은 유용한 표현도 정의할 수 있는 융통성을 준다. 예를 들어 우리가 살펴보고 있는 디랙 δ –함수(즉, 25장의 빨간색 그래프들의 극한)는 3이 아닌 t에 대해서는 진짜 함수이자, 실제로 3이 아닌 점에서는 함숫값이 영

* 함수가 어떤 점(혹은 집합)에서 받침을 갖는다는 것은 그 점(혹은 집합)에서 함숫값이 0이 아니라는 뜻이다. – 옮긴이

인 "자명한 함수"이다. 그러나 우리는 3에서 이 함수가 점점 커지는 반짝 함수들의 극한임을 강조하는 뜻에서, 3에서 이 함수의 "함숫값"이 무한대라고 **말할** 수 있다. 델타 함수가 초함수임을 분명하게 드러내는 특징은, 위의 두 번째 특징과 관련된 델타 함수의 양태, 즉 a와 b 사이의 열린 구간 (a, b)에서의 그래프의 넓이에 의해 다음과 같이 주어진다.

- 만약 3이 a와 b 사이의 열린 구간 안에 있지 않다면, 구간 (a, b)에서 "디랙 δ –함수의 그래프 아래 넓이"는 0이다.
- 만약 3이 열린 구간 (a, b) 안에 있다면, "디랙 δ –함수의 그래프 아래 넓이"는 1이다. 이를 기호로 나타내면 다음과 같다.

$$\int_a^b \delta = 1$$

우리가 고려 중인 구간에 3이 포함되지 않는 한, 그래프 아래의 넓이가 0이라는 사실을 간단히 요약해서 δ –함수의 **받침**support이 "3에" 있다고 말한다.

일단 **이** 디랙 δ –함수가 만족스럽다면, 임의의 특정한 실수 x에 집중된 받침을 갖는 디랙 δ –함수(δ_x라고 부르자)도 흡족할 것이다. 이 δ_x는 $t \neq x$에서 0이고, $t=x$에서는 직관적으로 말해 **무한 반짝 신호**infinite blip를 보인다.

따라서 우리가 이야기하고 있던 애초의 델타 함수 $\delta(t)$는 $\delta_3(t)$라고 표기할 수 있다.

첫 번째 질문: 전에 초함수를 한 번도 본 적 없지만, 리만 적분을 알고 있다면, $\int_a^b c(t)D(t)$의 정의가 무엇일지 추측할 수 있겠는가? 그

리고 이 표현이 확실한 의미를 가지도록 $c(t)$에 대한 가정을 공식화할 수 있겠는가?

두 번째 질문: 전에 초함수를 본 적이 없고, 위의 첫 번째 질문에 답을 했다면, $c(t)$가

$$\int_a^b c(t)D(t)$$

라는 당신의 정의가 적용되는 진짜 함수라 하자. 이제 x가 실수라면, 당신의 정의를 이용하여

$$\int_{-\infty}^{\infty} c(t)\delta_x(t)$$

를 계산할 수 있는가?

두 번째 질문에 대한 답은 $\int_{-\infty}^{\infty} c(t)\delta_x(t)=c(x)$이다. 이는 뒤에서 유용할 것이다!

초함수 이론은 재미난 다음 질문에 대해 부분적인 답을 준다.

도대체 어떻게 도함수를 갖지 않는 함수 $F(t)$의 "도함수를 구할" 수 있나?

이 질문에 대한 짧은 답은 **이 도함수 $F'(t)$는 함수로서 존재하지 않지만, 초함수로서는 존재할 수 있다**는 것이다. 그렇다면 그 초함수의 적분은 무엇인가? 바로 원래 함수에 의해 주어진다!

$$\int_a^b F'(x)\,dt=F(b)-F(a)$$

간단한 계단 함수를 가지고 이를 연습해 보자. 예를 들어 (초함수 이론

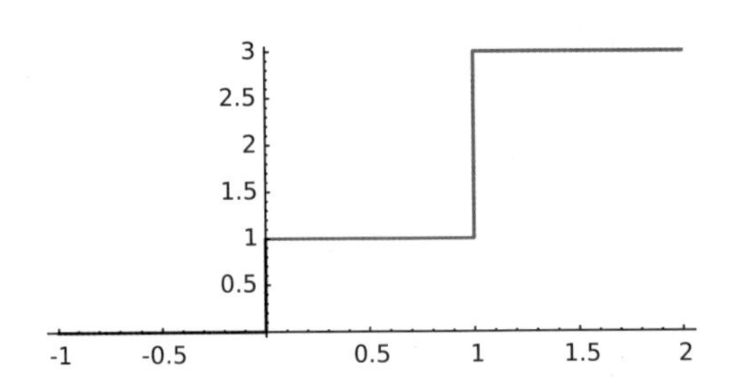

그림 26.4 $t \leq 0$에서 0이고, $0 < t \leq 1$에서 1, $1 < t \leq 2$에서 3인 계단 함수의 도함수는 $\delta_0 + 2\delta_1$이다.

의 관점에서 볼 때) 그림 26.4에 나오는 함수의 **도함수**는 무엇인가?

답: $\delta_0 + 2\delta_1$

다음 장에서는 훨씬 더 복잡한 계단 함수를 다룰 것이다. 그러나 여기서 논한 일반적인 원칙들이 거기서도 잘 적용될 것이다. (미주 [16] 참고)

27 푸리에 변환: 두 번째 방문

앞서 20장에서 다음과 같이 말했다.

> 어떤 그래프로부터, 다 함께 그 그래프를 구성하는 순수한 사인파들의 진동수, 진폭, 위상을 나타내는 스펙트럼 그림을 얻는 연산을 **푸리에 변환**이라 부른다.

이제 이 연산, 즉 **푸리에 변환**을 더 자세히 들여다보자.

실변수 t에 대한 **우함수** $f(t)$에 초점을 맞추어 이야기해 보자. "**우함수**even function"란 함수의 그래프가 y축에 대하여 대칭이라는 뜻이다. 즉, $f(-t)=f(t)$이다. 그림 27.1을 보라.

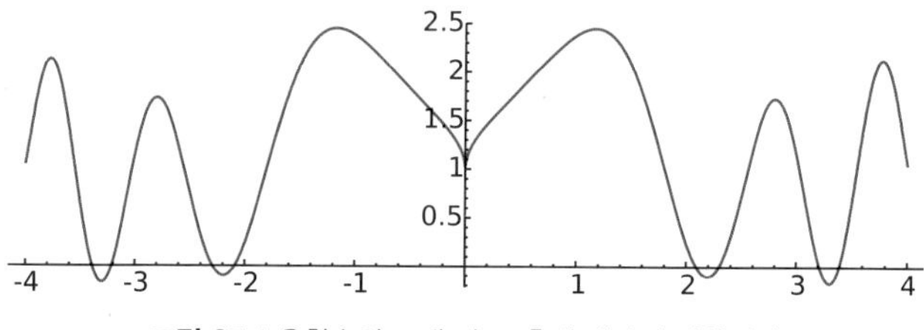

그림 27.1 우함수의 그래프는 y축에 대하여 대칭이다.

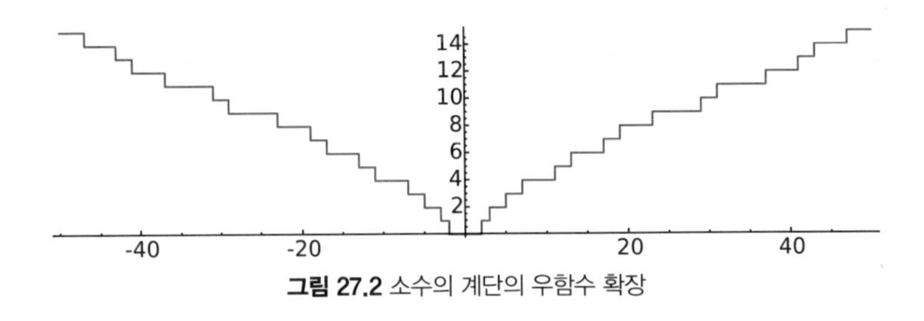

그림 27.2 소수의 계단의 우함수 확장

이 이야기를 **소수의 계단** $\pi(t)$혹은 **손본 소수의 계단** $\psi(t)$에 적용해 보자. 둘 다 양수 t에 대해서만 정의된 것이므로, 음수인 $-t$에 대해서는 공식 $\pi(-t)=\pi(t)$와 $\psi(-t)=\psi(t)$에 의해 함숫값을 정의하여 함수들 각각을 **우함수**로 바꿈으로써, "그 그래프를 대칭적으로 만들어 보자." 그러면 그 함수들을 이해하고자 하는 우리의 탐구과정에서 "잃어버리는 정보는 별로 없을" 것이다.

푸리에 변환의 기본 아이디어는 $f(t)$를 **사인파 및 코사인파 함수들**로 표현하는 것이다. 오직 우함수만을 고려하기로 했기 때문에, 사인파는 버릴 수 있다(이것은 우리의 푸리에 해석에서는 등장하지 않을 것이다). 그리고 (오직 유한개의 진동수만이 우리 함수의 스펙트럼에 나온다면) 계수가 붙어있는 코사인 함수들의 **합**으로, 혹은 스펙트럼이 더 복잡한 경우엔 보다 일반적인 **적분**으로 어떻게 $f(t)$를 재구성할 수 있는지를 물을 수 있다. 이를 위해서는, 각 실수 θ에 대하여 θ가 $f(t)$의 스펙트럼에 속하는지 아닌지, 또는 속한다면 $f(t)$의 푸리에 전개에서 등장하는 코사인 함수 $\cos(\theta t)$의 진폭이 얼마인지를 말해 줄 수 있는 작은 기계장치가 필요하다. 이 진폭은 괴상하게 들리는 다음 질문의 답이 된다.

$\cos(\theta t)$가 얼마나 많이 $f(t)$ "안에서 나타나는가?"

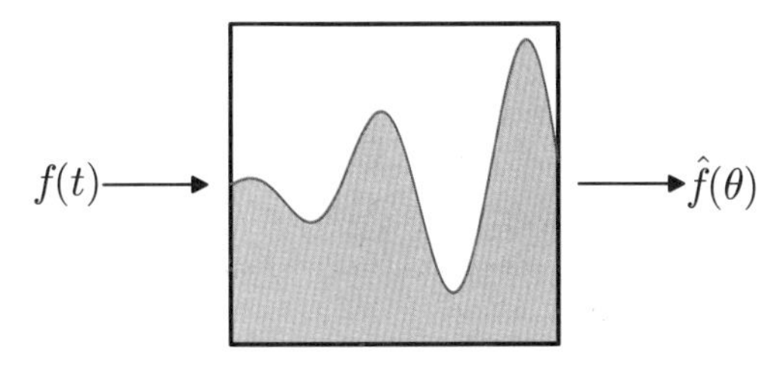

그림 27.3 $f(t)$를 $\hat{f}(\theta)$로 변환시키는 푸리에 변환 기계

우리는 이 진폭을 $\hat{f}(\theta)$라고 쓰고, 이를 $f(t)$의 **푸리에 변환**이라고 부를 것이다. 그러면 $f(t)$의 **스펙트럼**은 진폭이 0이 아닌 모든 진동수 θ의 집합이 된다.

이제 특히 $\int_{-\infty}^{+\infty} |f(t)|\, dt$가 (존재하고) 유한한 경우처럼 쉬운 상황에서 적분학은 다음과 같이 그 기계장치를 쉽게 만들어 낸다(그림 27.3을 보라).

$$\hat{f}(\theta) = \int_{-\infty}^{+\infty} f(t) \cos(-\theta t)\, dt$$

이 코사인 기계는 용케 $f(t)$에서 진동수가 θ인 부분만 "골라낸다!" 그것은 함수 $f(t)$의 푸리에 해석에서 **분석** 부분을 제공한다.

그러나 우리 작업에는 **합성** 부분도 있다. 흥미롭게도 분석 부분과 비슷한 과정에 의해 푸리에 변환으로부터 $f(t)$를 다시 구성할 수 있다. 즉, $\int_{-\infty}^{+\infty} |\hat{f}(\theta)| d\theta$가 (존재하고) 유한하다면, 다음의 적분을 통해 $f(t)$를 다시 얻을 수 있다.

$$f(t) = \frac{1}{2\pi} \int_{-\infty}^{+\infty} \hat{f}(\theta) \cos(\theta t)\, d\theta$$

소수의 계단에 대한 푸리에 해석을 살펴보려 할 때, 적분값 $\int_{-\infty}^{+\infty} |f(t)|\, dt$가 유한할 만큼 우리 운이 좋은 것 같지는 않다. 하지만 우리는 이를 피해 갈 것이다!

28 델타 함수의 푸리에 변환은 무엇인가?

우리가 $\delta(t)$(혹은 $\delta_0(t)$)로 나타냈던 δ−함수를 고려하자. 이 함수는 앞서 26장에서 "빨간색 그래프들의 극한"으로 생각했던 "일반화된 함수"이기도 하다. 비록 $\delta(t)$는 제대로 된 진짜 함수가 아닌 초함수이지만, $\delta(t)$는 원점에 대칭이고, 적분

$$\int_{-\infty}^{+\infty} |\delta(t)|dt$$

가 존재하며, 그 적분값은 유한하다(그 값은 사실 1이다). 이러한 내용을 충분히 이해했다면, 이 모든 것은 앞 장에서 이야기했던 바가 적용된다는 뜻이다. 따라서 이 델타 함수를 **푸리에 변환 기계**(그림 27.3)에 **집어넣어** 코사인 함수들의 합 혹은 적분−그것이 무엇을 뜻하건!−으로 나타내려고 시도함으로써 어떤 진동수와 진폭이 나오는지를 지켜볼 수 있다.

그러면, 델타 함수의 푸리에 변환 $\hat{\delta}_0(\theta)$는 무엇일까?

일반 공식으로부터 다음을 알 수 있다.

$$\hat{\delta}_0(\theta) = \int_{-\infty}^{+\infty} \cos(-\theta t)\delta_0(t)\,dt$$

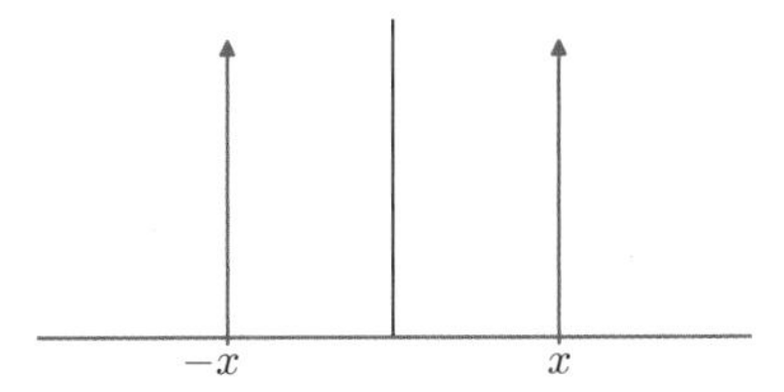

그림 28.1 합 $(\delta_x(t)+\delta_{-x}(t))/2$. 여기서는 디랙 델타 함수를 나타내기 위해 수직 방향 화살표를 그렸다.

18장에서 언급했듯이 임의의 좋은 함수 $c(t)$에 대하여, 초함수 $\delta_x(t)$와 $c(t)$의 곱의 적분은 $t=x$에서의 함수 $c(t)$의 **함숫값**에 의해 주어진다. 따라서 다음이 성립한다.

$$\hat{\delta}_0(\theta)=\int_{-\infty}^{+\infty}\cos(-\theta t)\,\delta_0(t)\,dt=\cos(0)=1$$

다시 말해, $\delta_0(t)$의 푸리에 변환은 상수 함수

$$\hat{\delta}_0(\theta)=1$$

이다. 이를 다른 말로 표현하자면, 델타 함수는 푸리에 해석에서 **모든** 진동수가 나타나고 각 진동수의 세기가 모두 같은 완벽한 **백색 소음**의 예라고 할 수 있다.

이 계산을 일반화하기 위해 **그림 28.1**과 같이 임의의 실수 x에 대하여 x와 $-x$에서 받침을 갖는 대칭화된 델타 함수

$$d_x(t)=(\delta_x(t)+\delta_{-x}(t))/2$$

를 고려하자. 이 $d_x(t)$의 푸리에 변환은 무엇일까? 답은 앞과 마찬가지 계산으로 얻을 수 있다.

$$\begin{aligned}\hat{d}_x(\theta) &= \frac{1}{2}\left(\int_{-\infty}^{+\infty} \cos(-\theta t)\delta_x(t)\,dt + \int_{-\infty}^{+\infty} \cos(-\theta t)\delta_{-x}(t)\,dt\right)\\ &= \frac{1}{2}(\cos(-\theta x) + \cos(+\theta x))\\ &= \cos(x\theta)\end{aligned}$$

이를 우스꽝스러운(!) 구어체로 요약해 말하면, **임의의 진동수 θ에 대하여 일반화된 함수 $(\delta_x(t) + \delta_{-x}(t))/2$를 만드는 데 필요한 $\cos(\theta t)$의 양은 $\cos(x\theta)$이다.**

지금까지는 순조롭다. 하지만 푸리에 변환 이론은 대부분의 수학과 마찬가지로 두 부분으로 나뉘어 있음을 기억하자. 바로 **분석**과 **합성**이다. 우리는 방금 전에 대칭화된 델타 함수 $(\delta_x(t) + \delta_{-x}(t))/2$에 대한 이론의 **분석**을 수행했다.

그러면 푸리에 변환으로부터 위의 함수를 합성할 수 있을까? 즉, 다시 만들어 낼 수 있을까?

지금 당장은 이를 당신을 위한 질문으로 남겨 두겠다.

29 삼각급수

푸리에의 아이디어에 관심이 있다면, s_k가 (단조 증가하면서) 무한대로 가는 실수의 수열일 때,

$$F(\theta) = \sum_{k=1}^{\infty} a_k \cos(s_k \cdot \theta)$$

같은 것들을 다루어 보려고 하는 시도들이 놀랍지 않을 것이다. 우리는 이를 그냥 **삼각급수**trigonometric series라고 부를 것이다. 이 급수가 모든 θ값에 대하여, 혹은 어떤 θ값에 대하여, 어떤 의미에서건 수렴하는지 아닌지를 묻지는 않겠다. 삼각급수에 등장하는 s_k를 그 급수의 **스펙트럼 값**spectral value, 혹은 짧게 **스펙트럼**spectrum이라고 부르고, a_k를 (대응되는) **진폭**amplitude이라고 부를 것이다. 수렴을 위한 조건을 전혀 도입하지 않았음을 다시 한 번 밝혀 둔다. 그러나 또한 위의 급수가 "절단된cutoff" 삼각함수의 유한 합을 제공한다고 생각할 수 있다. 여기서 이 함수를 다음과 같이 두 변수 θ와 C("절단값")의 함수로 생각해 보자.

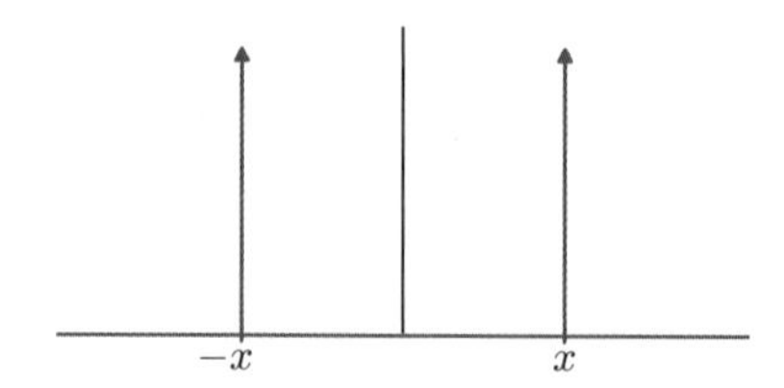

그림 29.1 합 $(\delta_x(t)+\delta_{-x}(t))/2$. 여기서 디랙 델타 함수를 나타내기 위해서 수직 방향의 화살표를 그렸다.

$$F(\theta, C) := \sum_{s_k \le C} a_k \cos(s_k \cdot \theta)$$

이 함수 $F(\theta, C)$는 유한 삼각급수이므로, 모든 점에서 유한한 함숫값을 가지는 "진짜 함수"이다.

28장에서 임의의 실수 x에 대하여

$$d_x(t) = (\delta_x(t) + \delta_{-x}(t))/2$$

로 주어진, x와 $-x$에서 받침을 가지는 대칭화된 델타 함수를 고려했고, $d_x(t)$의 푸리에 변환이

$$\hat{d}_x(\theta) = \cos(x\theta)$$

임을 기억하자.

물론 무한 삼각급수

$$F(\theta) = \sum_{k=1}^{\infty} a_k \cos(s_k \cdot \theta)$$

와 연관된, 절단된 삼각함수의 유한 합 $F(\theta, C)$는 초함수

$$D(t, C) := \sum_{s_k \le C} a_k d_{s_k}(t)$$

의 푸리에 변환이다. 스펙트럼 값 $s_k(k=1, 2, \cdots)$의 집합이 이산적임을 생각하면 무한 합

$$D(t) \coloneqq \sum_{k=1}^{\infty} a_k d_{s_k}(t)$$

를 고려할 수 있고, 이것을 우리의 삼각급수 $F(t)$의 "**푸리에 역변환**Inverse Fourier Transform"의 역할을 하는 초함수로 볼 수 있다.

정의 29.1

삼각급수 $F(\theta)$와 실수 $\tau \in \mathbb{R}$에 대하여, 절단 C가 모든 양숫값을 취하며 변할 때 절댓값 $|F(\tau, C)|$으로 이루어진 집합이 유계*가 아니라면, $F(\theta)$는 $\theta=\tau$에서 **스파이크**spike를 가진다고 말한다. 반대로 그 집합이 유계라면, 실수 $\tau \in \mathbb{R}$는 **스파이크가 아니다**.

다음 장에서 우리는 여러 값 C에서 절단된 삼각함수의 그래프들을 선보일 것이다. 이 그래프들은 C가 무한대로 감에 따라 매우 흥미로운 **스파이크 값**들로 이루어진 특정한 (이산적) 수열로 수렴함을 강하게 암시한다. 물론, 그래프가 보여주는 유한한 계산으로는 이것이 실제로 수렴함을 **증명**할 수는 없다. 그러나 한편으로 스파이크들의 선명함은 그 자체로 경험해 볼 만하다. 또 다른 한편으로는 리만 가설을 고려해 볼 때, **강한 힌트**가 오해를 불러일으킨 건 아니라고 정당화할 수 있다. 이론적 배경 지식을 알고 싶다면 미주를 보라.

* 실수로 이루어진 집합 S에 대하여 S의 모든 수보다도 큰 수가 존재하면 S는 유계(Bounded)라고 한다. —옮긴이

30 3부에 대한 간단한 개요

이 장에서는 두 개의 무한 삼각급수를 고려할 것이다. 이는 3부에서 공부할 현상의 강렬한 예고편이라 할 수 있다. 첫 번째 삼각급수 항들의 **진동수**가 두 번째 급수의 **스파이크 값**들을 주고, 또 그 반대로 두 번째 급수의 **진동수**들이 첫 번째 급수의 **스파이크 값**들을 주는 방식으로, 둘은 서로서로 연관되어 있는 듯하다. 이는 푸리에 변환 이론에서처럼 일종의 쌍대성duality을 보이고 있다. 이 무한 합에 점점 더 정확하게 가까워지는 유한합들(절단)의 그래프를 제시함으로써 이 쌍대성을 보일 것이다. 좀 더 구체적으로는 다음과 같다.

1. 첫 번째 무한 삼각급수 $F(t)$는 모든 소수 p의 거듭제곱 p^n에 관한 순수한 코사인파들의 합*으로, 각 항의 진동수는 **소수의 거듭제곱의 로그**로 주어지고, 진폭은 다음의 공식에 의해 주어진다.

* 여기서 그리스 기호 Σ는 많은 항들의 합을 짧게 나타내는 방식으로 사용한다. 우리는 이 합이 수렴해야 한다고 요구하지는 않고 있다.

$$F(t) := -\sum_{p^n} \frac{\log(p)}{p^{n/2}} \cos(t \log(p^n))$$

곧 살펴보겠지만, 이 삼각급수에서 유한 부분합의 항들을 더 많이 취할수록, 그 그래프는 '점점 더 높아지는 정점'을 갖는데, 그 정점들은 더더욱 뚜렷하게 **실수로 이루어진 특정한 무한 이산집합**에 집중된다. 그 집합을 **리만 스펙트럼**이라 부르며, 이는 **그림** 30.2–30.5에서 빨간색 수직선들로 표시되어 있다.

2. 반대로, 두 번째 무한 삼각급수 $H(s)$는 순수한 코사인파들의 합으로, 그 진동수는 앞에서 **리만 스펙트럼**이라 부른 값으로 주어지고, 진폭은 모두 1이다.

$$H(s) := 1 + \sum_{\theta} \cos(\theta \log(s))$$

이 그래프들은 **그림** 30.6에서 일련의 파란 수직방향 스파이크로 표시한 **소수의 거듭제곱의 로그**에 집중되는 "점점 더 높아지는 정점"을 가질 것이다.

아래 그림에서 일련의 **파란색 선들**(즉, 소수의 거듭제곱의 로그)이 –앞에서 설명한 삼각급수를 통해– 일련의 **빨간색 선들**(즉, 우리가 스펙트럼이라고 부르고 있는 것)을 결정하고 또 그 역도 성립한다는 것이 리만 가설의 결과이다.

1. **리만 스펙트럼을 소수의 거듭제곱(의 로그)과 같은 진동수를 가지는 삼각급수의 스파이크 값들로서 바라보기.**

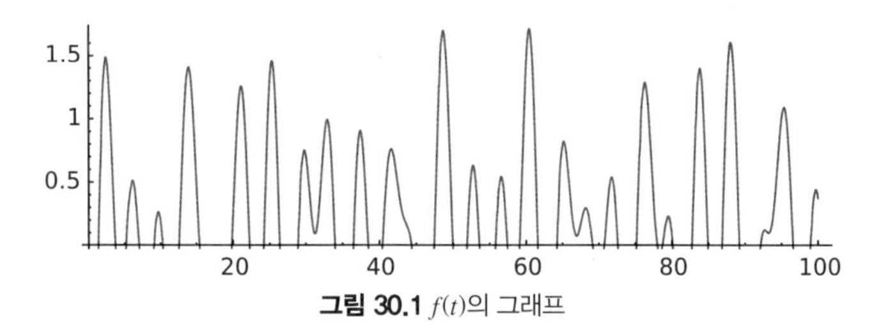

그림 30.1 $f(t)$의 그래프

워밍업을 위해 다음 코사인파들의 합의 양수 값들을 그려보자.

$$f(t) = -\frac{\log(2)}{2^{1/2}}\cos(t\log(2)) - \frac{\log(3)}{3^{1/2}}\cos(t\log(3)) - \frac{\log(2)}{4^{1/2}}\cos(t\log(4)) - \frac{\log(5)}{5^{1/2}}\cos(t\log(5))$$

이 그래프의 정점들을 보자. 그 정점들이 별로 인상 깊지 않다고 생각할지 모른다. 하지만 기다려보라. 왜냐하면 $f(t)$가 앞에서 설명한 무한 삼각급수 $F(t)$의 아주 "초기의" 조각이니까 말이다. 유한개 항만을 택하여 무한급수 $F(t)$를 잘라내자. 즉 다양한 "절단값" C를 택하여 유한 합

$$F_{\leq C}(t) := -\sum_{p^n \leq C} \frac{\log(p)}{p^{n/2}}\cos(t\log(p^n))$$

을 만들고 양수인 함숫값들을 표시하자. **그림 30.2–30.5**에 몇 개의 C값에 대해 우리가 얻는 정보들을 그려놓았다.

각각의 그래프에서 우리가 이야기할 **리만 스펙트럼**의 값들을 나타내는 실숫값들을 빨간색 수직방향 화살표로 나타내었다. **그림 30.2–30.5**에서 빨간색 수직방향 화살표에 있는 수들

$$\theta_1, \theta_2, \theta_3, \theta_4, \theta_5, \cdots\cdots$$

이 바로 무한 삼각급수

$$-\sum_{p^n} \frac{\log(p)}{p^{n/2}} \cos(t \log(p^n))$$

의 **스파이크 값들** - 29장에서 설명한 대로 - 이다. 이 스파이크 값들이 리만 스펙트럼이라는 것을 구성하며, 소수의 계단에 숨겨진 비밀을 풀 열쇠다. (미주 [17] 참고)

- **$p^n \le C=5$ 에 대한 합**

  그림 30.2는 앞에서 언급한 함수 $f(t)$를 그린 것이다. 이는 우리 무한급수의 처음 네 항의 합으로만 구성된 것이므로, 아직 "구조"라 할 만한 게 나타나지 않는다.

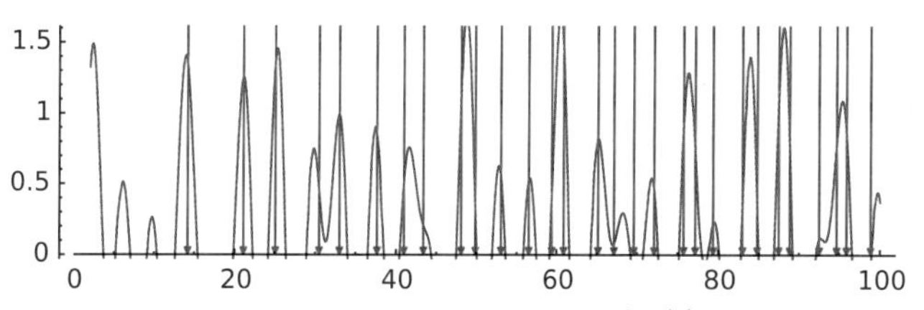

그림 30.2 소수의 스펙트럼을 가리키는 화살표가 있는 $-\sum_{p^n \le 5} \frac{\log(p)}{p^{n/2}} \cos(t \log(p^n))$의 그래프

- **$p^n \le C=20$ 에 대한 합**

  그림 30.3의 그래프에서 벌써 변화를 감지할 수 있다. (그렇다고 동의하는가?)

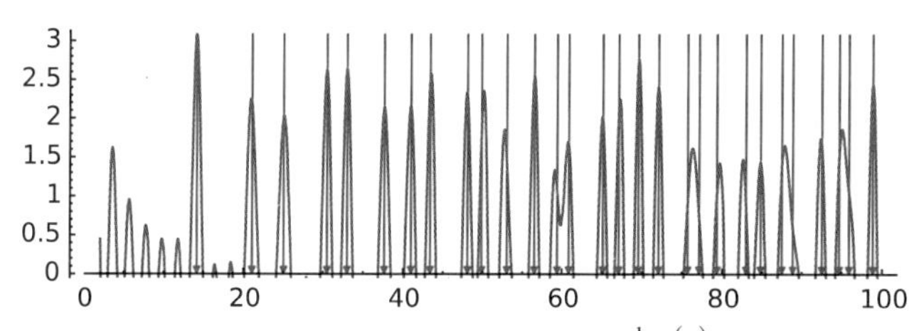

그림 30.3 소수의 스펙트럼을 가리키는 화살표가 있는 $-\sum_{p^n \le 20} \frac{\log(p)}{p^{n/2}} \cos(t \log(p^n))$의 그래프

- **$p^n \leq C=50$ 에 대한 합**

  그림 30.4에서 높은 정점들은 더욱더 정확하게 수직 방향의 빨간색 선에 맞춰 정렬되는 것처럼 보인다. y축의 축척도 바뀌었음을 주목하라.

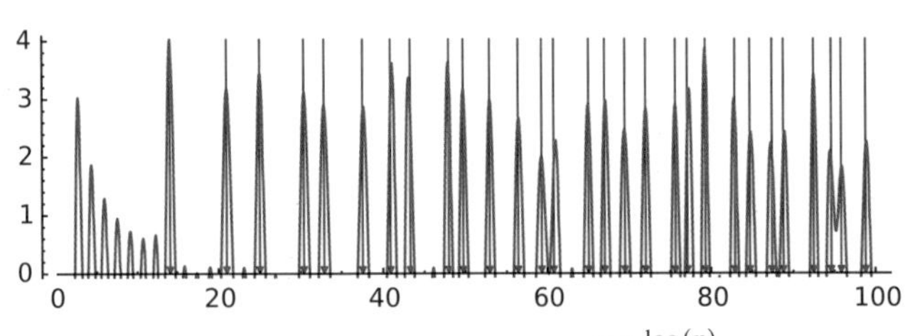

그림 30.4 소수들의 스펙트럼을 가리키는 화살표가 있는 $-\sum_{p^n \leq 50} \frac{\log(p)}{p^{n/2}} \cos(t\log(p^n))$의 그래프

- **$p^n \leq C=500$ 에 대한 합**

  여기서 정점들은 훨씬 더 날카롭고 더욱더 높아졌다. y축의 축척이 바뀌었음을 주목하라.

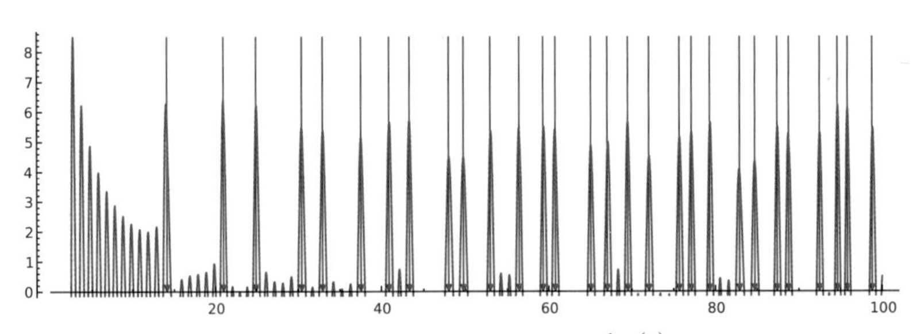

그림 30.5 소수의 스펙트럼을 가리키는 화살표가 있는 $-\sum_{p^n \leq 500} \frac{\log(p)}{p^{n/2}} \cos(t\log(p^n))$의 그래프

앞으로 다음을 유심히 살펴볼 것이다.

- 절단값 C가 점점 더 커지면, 앞의 코사인파의 무한급수에서 선택되는 유한 합의 길이는 점점 더 길어진다. 이때 스파이크들은 어떻게 "될까?"

- 이 빨간색 선으로 나타낸 스펙트럼이 이 유한 합의 양숫값의 그래프에 나오는 정점들과 어떻게 더 가까워지는가?
- 어떻게 이 정점들이 점점 더 높이 올라가는가?
- 이 정점들이 소수의 계단에 대한 푸리에 해석과 어떤 관계가 있는가?
- 비슷하게 중요한 문제로, 이 미스터리한 빨간 선들은 무엇을 의미하는가?

2. **리만 스펙트럼에서 시작하여 소수의 거듭제곱(의 로그)로.**

여기서는 **스펙트럼**이라 부른 것을 구성하는 수들의 수열

$$\theta_1, \theta_2, \theta_3, \theta_4, \theta_5, \cdots\cdots$$

을 이용할 것이다. 무한 삼각급수

$$G(t) := 1 + \cos(\theta_1 t) + \cos(\theta_2 t) + \cos(\theta_3 t) + \cdots\cdots$$

혹은 $\sum$기호를 사용한

$$G(t) := 1 + \sum_{\theta} \cos(\theta t)$$

를 생각하자. 여기서 합은 스펙트럼 $\theta = \theta_1, \theta_2, \theta_3, \cdots$에 대한 합이다. 다시 한 번 (로그 스케일로) 유한한 절단 값 C에서 이 무한 삼각급수의 부분합을 고려할 것이다.

$$H_{\leq C}(s) := 1 + \sum_{i \leq C} \cos(\log(s)\theta_i)$$

그리고 $H_{\leq 1000}(s)$에서 스파이크를 보기 위해 **그림 30.6**을 살펴보자.

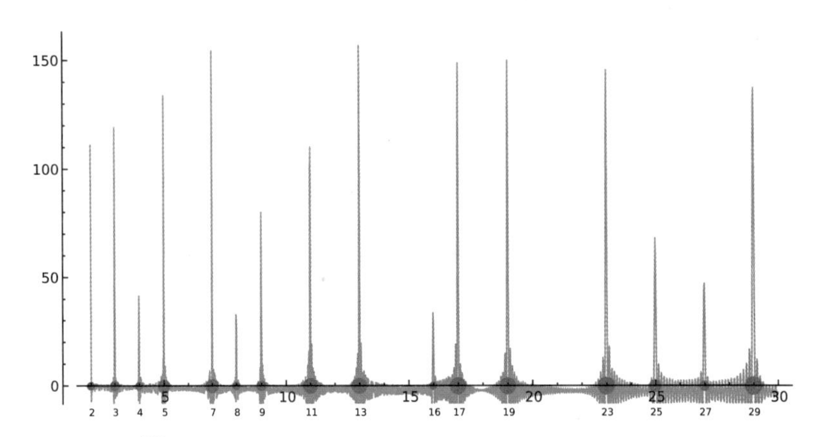

그림 30.6 $-\sum_{i=1}^{1000}\cos(\log(s)\theta_i)$의 그림. 여기서 $\theta_1 \sim 14.13, \cdots$은 처음 1,000개의 스펙트럼 값이다. 빨간 점들은 소수의 거듭제곱 p^n에 놓여 있고, 그 크기는 $\log(p)$에 비례한다.

리만 가설 덕분에 적절한 삼각급수의 그래프의 "높은 정점"을 고려해 봄으로써 스펙트럼에서 소수의 거듭제곱으로 갔다가 다시 되돌아올 수 있는 이 과정은 일종의 시각적 쌍대성을 제공한다. 이 쌍대성은 소수의 거듭제곱들의 종잡을 수 없는 분포에 내재된 정보가 리만 스펙트럼 안에 어떤 식으로든 "들어가 있고", 또 반대로 그 미스터리한 수들의 수열 안에 주어진 정보를 소수의 거듭제곱들의 수열로부터 얻을 수 있음을 강조한다.

MEMO

MEMO

MEMO

MEMO

3부 소수의 리만 스펙트럼

31 정보를 잃지 않고서

어떻게든 "같은" 데이터를 다양한 방식의 다른 모습으로 내놓는 것은 고도의 수학적 기술이다. 데이터가 새로운 방식으로 제시될 때마다 그림자 속에 가려져 있던 특징들이 조금씩 바깥으로 드러난다. 어떤 의미로는 **모든** 수학 등식이 그렇다. 왜냐하면 등식의 한가운데 있는 "등호"는, 등식의 양변이 달라 보이거나 다른 형태일지라도 그 둘이 "동일한 데이터"임을 말해 주기 때문이다. 예를 들어 앞서 10장에서 마주쳤던 등식

$$\log(XY) = \log(X) + \log(Y)$$

는 그저 똑같은 것을 바라보는 두 가지 방식일 따름이지만, 이는 수백 년 동안 직접 손으로 했던 수많은 계산의 기초였다.

지금까지 이 책에서 우리가 집중해 온 문제는, 자연수 전체의 본연의 배열 속에서 소수의 위치가 만들어 내는 패턴(이걸 패턴이라 부를 수 있다면)을 진정으로 이해하는 것이다.

물론 이 기본적인 패턴을 나타내는 방식은 많이 있다. 우리의 초기 전

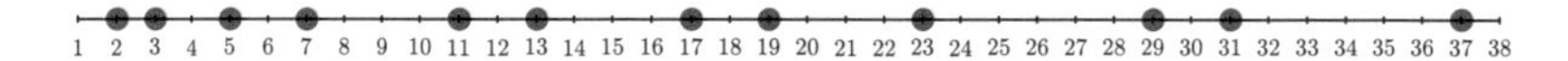

그림 31.1 37까지의 소수들

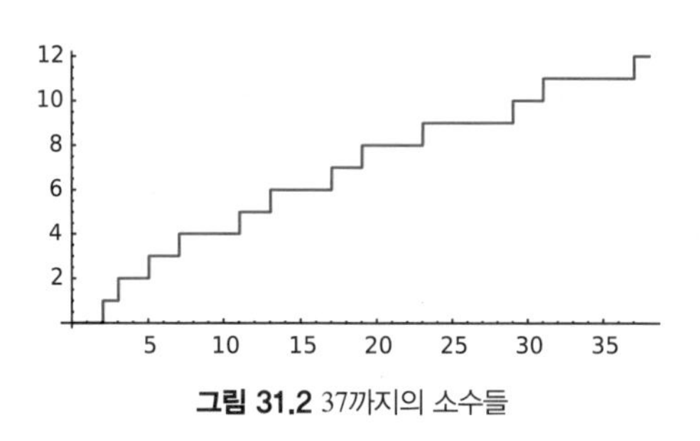

그림 31.2 37까지의 소수들

략은 수 전체에서 소수의 등장 순서를 선명하게 보여주는 **소수의 계단**에 집중하는 것이었다.

그러나 이전 장에서 이미 힌트를 주었듯이, **계단이 포함하는 핵심적인 정보를 잃지 않고서도** 계단을 조금 손보는 —그러면서도 의미 있게 변형하는— 다양한 길이 열려 있다. 물론 여기에는 원래 데이터를 "복구"하기 어려울 정도로 무언가를 변형시킬 위험이 항상 존재한다. 원래 데이터를 복구하고자 하는 희망을 조금이라도 품으려면, 우리가 가한 모든 변형을 기억하는 게 좋을 것이다!

이러한 점들을 염두에 두고 (소수의 계단에 대해 이야기했던) 18장과 19장으로 돌아가자. 거기서 우리는, 멀리서 보면 45도 각도의 계단과 비슷해 보이는 $\psi(X)$를 얻기 위해 원래의 소수의 계단—일명 $\pi(X)$의 그래프—을 손보았다.

이 시점에서 $\psi(X)$**가 지닌 소중한 정보는 파괴하지 않으면서** $\psi(X)$를 조금 더 변형해 보자. $\psi(X)$를 일반화된 함수, 즉 초함수로 대체할 것이다. 이를 $\boldsymbol{\Phi}(t)$라고 나타내자. 이 함수는 소수의 로그값의 모든 양의 정수배에서 받침을 가지며, 이 이산 집합의 여집합에서는 0이다. 정의에 의하면, 어떤 함수, 혹은 초함수가 실수들의 이산적인 부분집합 S의 여집합에서 0이고, S의 임의의 진부분집합의 여집합에서 0이 아니면, S가 그 함수, 혹은 초함수의 **받침**support임을 기억하자.

우리 책의 목적을 생각할 때, $\Phi(t)$의 구조에 대해 자세히 살펴보는 것보다는 (a) $\Phi(t)$에 $\psi(X)$의 귀중한 정보가 모두 포함되어 있음을 유의하고, (b) $\Phi(t)$의 푸리에 변환인 삼각급수의 스파이크 값들에 깊이 관심을 기울이는 것이 더 중요할 것이다.

초함수 $\Phi(t)$의 정의를 알려면, 미주 [18]을 참고하기 바란다.

실수들의 이산 집합을 그 받침으로 갖는 ($\Phi(t)$와 같은) 초함수들은 때때로 **스파이크 초함수**spike distribution라 불린다. 왜냐하면 이에 근사한 함수들의 그림이 일련의 스파이크들처럼 보이기 때문이다.

그렇다면 이제 우리는 소수들의 로그값의 정수배에서 받침을 가지는 스파이크 초함수를 가지게 되었다. 이 일반화된 함수는 자연수 전체에서 소수들의 위치에 관한 핵심 정보를 갖고 있으므로, 앞으로 우리 이야기에서 주된 역할을 하게 될 것이다. 이 초함수를 구성하는 "반짝 신호"의 위치(그 받침)－즉, 소수의 로그값의 정수배－를 알면, 수 전체에서 소수의 위치를 재구성할 수 있을 것이다. 물론 이러한 중요한 정보를 표현하는 방법은 다양하게 존재한다. 따라서 단순한 원래 계단에 앞에서 설명한 일련의 특수하면서도 거친 변형을 가하여 결국 초함수 $\Phi(t)$를 유도해낸 동기가 무엇인지를 설명해야 한다.

32 소수에서부터 리만 스펙트럼으로 가는 길

28장에서 (대칭화된) δ −함수의 푸리에 변환의 성질에 대해 이야기했다. 특히 x와 $-x$에서 받침을 갖는 "스파이크 함수"

$$d_x(t) = (\delta_x(t) + \delta_{-x}(t))/2$$

를 상기하자. 그 푸리에 변환 $\hat{d}_x(\theta)$는 $\cos(x\theta)$와 같다고 말했었다(그리고 왜 그런지에 대해 힌트를 약간 주었다).

우리의 다음 목표는 훨씬 더 흥미로운 "스파이크 함수"

$$\Phi(t) = e^{-t/2}\Psi'(t)$$

를 다루는 것이다. 이 함수는 31장에서 만든 일반화된 함수 중 하나로, 소수의 로그값의 모든 양의 정수배에서 받침을 갖는다.

양수 t에 대하여 정의된 임의의 함수 − 혹은 일반화된 함수 − 를 (t축에 대하여) "대칭화"해 보자. 즉, 이 함수를 음수에서 다음과 같은 식으로 정의하자.

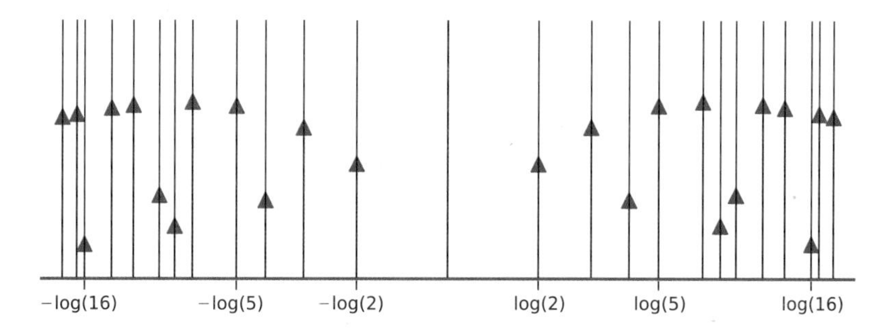

그림 32.1 $\Phi(t)$는 소수의 거듭제곱 p^n의 로그값에서 $p^{-n/2}\log(p)$에 의해 (그리고 0에서는 $\log(2\pi)$에 의해) 가중치가 주어진 디랙 델타 함수들의 합이다.

$$\Phi(-t)=\Phi(t)$$

이러한 방식을 적용하여 **그림 32.1**에서 보인 것처럼 $\Phi(t)$를 일반화된 **우함수**로 만들자(직선 위에 놓인 **우함수**는 위의 공식처럼 임의의 실수 t와 그것에 음의 부호를 붙인 값 $-t$에서 같은 함숫값을 가지는 함수이다).

$\Phi(t)$를 다음과 같은 초함수 수열의 극한으로 생각해 보자.

$$\Phi(t)=\lim_{C\to\infty}\Phi_{\leq C}(t)$$

여기서 $\Phi_{\leq C}(t)$는 다음과 같은 (대칭화된) δ−함수 $d_x(t)$들의 유한 선형 결합이다.

$$\Phi_{\leq C}(t) := 2\sum_{\text{소수거듭제곱 } p^n\leq C} p^{-n/2}\log(p)\, d_{n\log(p)}(t)$$

$d_x(t)$의 푸리에 변환이 $\cos(x\theta)$이므로, 각 $d_{n\log(p)}(t)$의 푸리에 변환은 $\cos(n\log(p)\theta)$이다. 따라서 $\Phi_{\leq c}(t)$의 푸리에 변환은 다음과 같다.

$$\hat{\Phi}_{\leq C}(\theta) := 2\sum_{\text{소수거듭제곱 } p^n\leq C} p^{-n/2}\log(p)\cos(n\log(p)\theta)$$

그러므로 앞서 29장에서 언급했던 대로, 우리는 **삼각급수**[*]

$$\hat{\Phi}(\theta) \coloneqq 2 \sum_{\text{소수거듭제곱 } p^n} p^{-n/2} \log(p) \cos(n \log(p)\theta)$$

의 유한한 값 C에서의 절단을 다루고 있다. 예를 들어 $C=3$이면, 이 삼각급수의 상당히 심한 절단이 나온다. $\hat{\Phi}_{\leq 3}(\theta)$는 오직 소수 $p=2$와 $p=3$에 대한 합으로 다음과 같고, 그 그래프가 아래 **그림32.2**다

$$\hat{\Phi}_{\leq 3}(\theta) = \frac{2}{\sqrt{2}} \log(2) \cos(\log(2)\theta) + \frac{2}{\sqrt{3}} \log(3) \cos(\log(3)\theta)$$

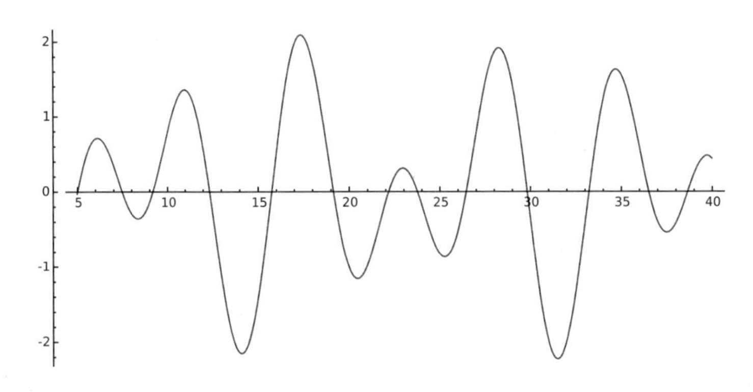

그림 32.2 $\hat{\Phi}_{\leq 3}(\theta)$의 그래프

우리는 $C \to \infty$에 따라 삼각급수 $\hat{\Phi}_{\leq C}(\theta)$의 점점 더 높아지는 **정점**에 대응하는 θ값들에 관심을 가질 것이다. 예를 들어 $|\hat{\Phi}_{\leq 3}(\theta)| > 2$이면서 $\hat{\Phi}_{\leq 3}(\theta)$의 첫 번째 정점을 제공하는 θ의 값은 다음과 같다

$$\theta = 14.135375354\cdots\cdots$$

* 여기에서 이 삼각급수 – 그 스펙트럼 값이 소수의 거듭제곱들의 로그값이다 – 는 $s = \frac{1}{2} + i\theta$에 대하여

$$\sum_{m=2}^{\infty} \Lambda(m) m^{-s} + \sum_{m=2}^{\infty} \Lambda(m) m^{-\bar{s}}$$

라 나타낼 수 있다. 이때 $\Lambda(m)$은 폰 – 망골트 함수(von – Mangoldt function)다.

따라서 **그림** 32.3에서 $\hat{\Phi}_{\leq 3}(\theta)$와 그 도함수의 그래프를 함께 그리면서 이에 대한 조사를 시작하겠다. 여기서 도함수가 0인 점을 빨간 점으로 강조해 나타냈다.

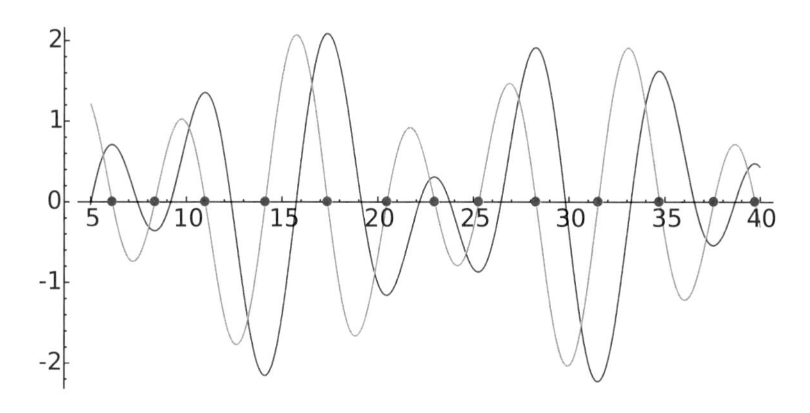

그림 32.3 파란색으로 그린 $\hat{\Phi}_{\leq 3}(\theta)$의 그래프와 회색으로 그린 그 도함수의 그래프

나중에 나오는 그림에서 볼 수 있듯이 위 그림에서 C가 ∞로 감에 따라 (빨간 점들로 나타나는) 점점 더 높아지는 **정점**에 대응되는 θ의 값들은 결국 수렴하는 듯이 보인다. 이제 이 θ의 "극한" 값들을 **그림** 32.4의 빨간 수직선들의 끝점으로 삽입하고, 이를 소박한 절단 $C=3$에 대한 빨간 점들과 비교해 보자.

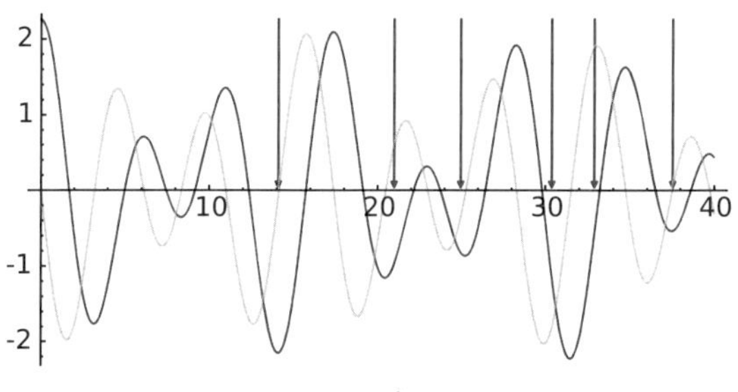

그림 32.4 $\hat{\Phi}_{\leq 3}(\theta)$

(여기에 소수가 몇 개 더 등장하는) 더 큰 절단값 C에 대한 그래프의 예를 몇 개 살펴보자.

그림 32.5–32.7은 다양한 절단값 C에 대한 $\hat{\Phi}_{\leq C}(\theta)$의 그래프이다. C가 증가함에 따라 빨간색 수직 방향 화살표로 표시된 스파이크들의 수열이 드러난다.

이 책에서 우리가 취하고 있었던 수치적–실험적 접근법을 생각할 때, **그런 작은** 절단값 C를 이용하였음에도 θ의 값들이 빨간색 수직선들로 수렴하는 모습을 보여줄 수 있었다는 것은 특히 다행스러운 (그리고 우리에게는 놀라운) 일이다. 이 현상을 보여 줄 수치 계산을 손으로 직접 하는 모습을 거의 상상할 수 있다! 이런 관점에서 데이비드 멈포드David Mumford의 블로그 포스트 `http://www.dam.brown.edu/people/mumford/blog/2014/RiemannZeta.html`을 보길 바란다.

이 스파이크들에 대한 이론적 논의는 미주 [19]를 참조하기 바란다.

이 스파이크들의 θ좌표는 양의 실수로 이루어진 어떤 이산 집합 주변에 모호하게 모여 있는 **듯하다**. 이 "스파이크"들이 바로 **소수의 리만 스펙트럼**을 구성하는 양의 실수로 이루어진 특정한 무한집합

$$\theta_1, \theta_2, \theta_3, \theta_4, \theta_5, \cdots\cdots$$

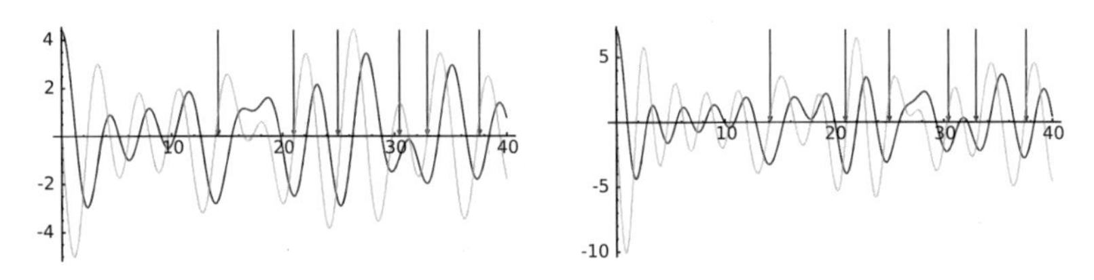

그림 32.5 C=5와 10인 경우, $\hat{\Phi}_{\leq C}(\theta)$의 그래프

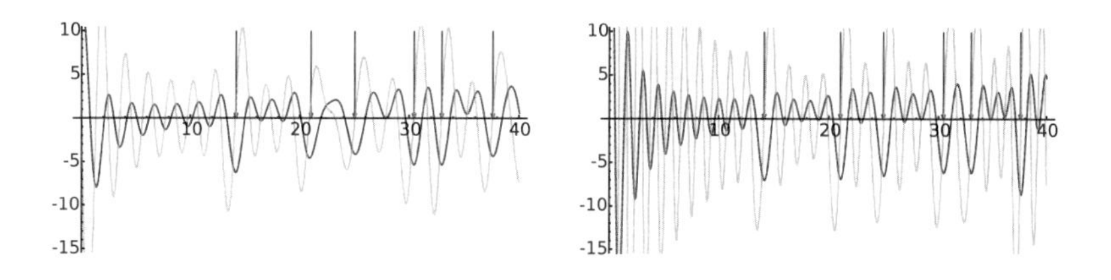

그림 32.6 C=10과 100에 대한 $\hat{\Phi}_{\le C}(\theta)$의 그래프

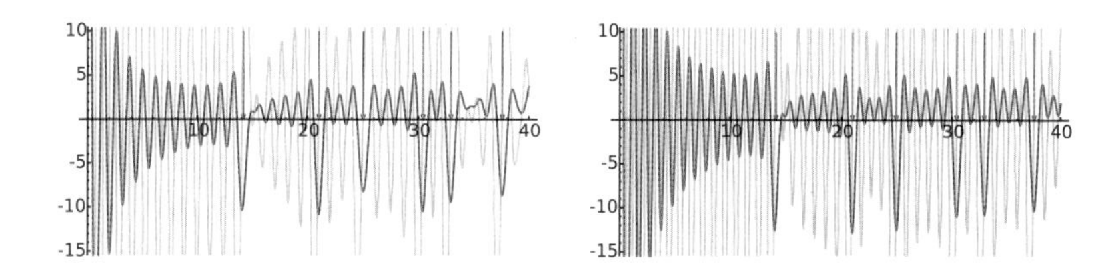

그림 32.7 C=200과 500에 대한 $\hat{\Phi}_{\le C}(\theta)$의 그래프

을 얼핏 들여다 볼 첫 번째 기회다. 리만 가설이 맞다면 이 수들은 직선 위에서 소수의 위치에 대한 열쇠가 될 것이다.

우리가 (적어도 아주 대략) 계산한 정점들을 나열하면 다음과 같다.

$$\theta_1=14.134725\cdots\cdots$$

$$\theta_2=21.022039\cdots\cdots$$

$$\theta_3=25.010857\cdots\cdots$$

$$\theta_4=30.424876\cdots\cdots$$

$$\theta_5=32.935061\cdots\cdots$$

$$\theta_6=37.586178\cdots\cdots$$

리만은 1859년 논문에서 우리가 다룬 방식과는 사뭇 다른 방식으로 이 수열을 정의했다. 그 논문에서 θ_i들은 "리만 제타 함수에서 자명하지 않은 0들의 허수부"로 등장한다. 이에 대해서는 이후에 4부 37장에서 간략히 이야기하겠다.

33 얼마나 많은 θ_i들이 존재할까?

리만 스펙트럼 $\theta_1, \theta_2, \theta_3, \cdots$은 면밀히 탐구해 볼 가치가 있다! 양의 실수들로 이루어진 이 수열에 대하여 우리는 무엇을 아는가?

앞에서 소수에 대해 했던 것과 마찬가지로, 이 수들

$$\theta_1 = 14.1347\cdots, \quad \theta_2 = 21.0220\cdots$$

의 개수를 세고, θ_1에서 한 계단, θ_2에서 또 한 계단 위로 올라가는 식으로 **그림** 33.1과 같은 계단을 만들어 보자.

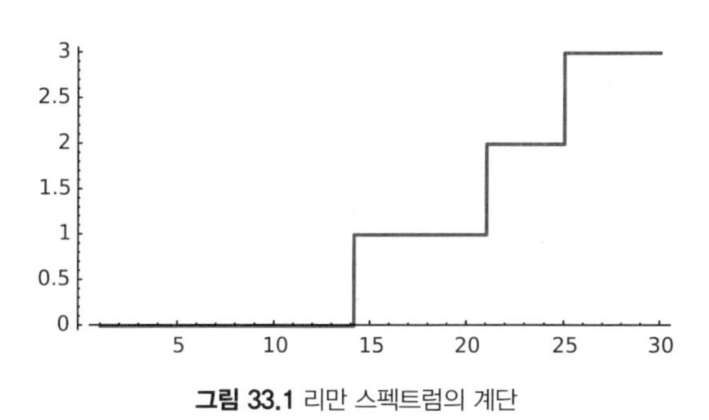

그림 33.1 리만 스펙트럼의 계단

다시 한 번 소수의 계단과 마찬가지로 **그림** 33.2와 33.3처럼 이 계단을 점점 멀리서 바라보면 매끈하고 아름다운 곡선처럼 보이길 바랄 수도 있다.

실제로 리만 가설이 맞다고 가정하면, 실수 $\theta_1, \theta_2, \theta_3, \cdots$의 계단은 곡선

$$\frac{T}{2\pi}\log\frac{T}{2\pi e}$$

와 아주 비슷함(오차항이 어떤 상수 곱하기 $\log T$에 의해 유계이다)을 알 수 있다.

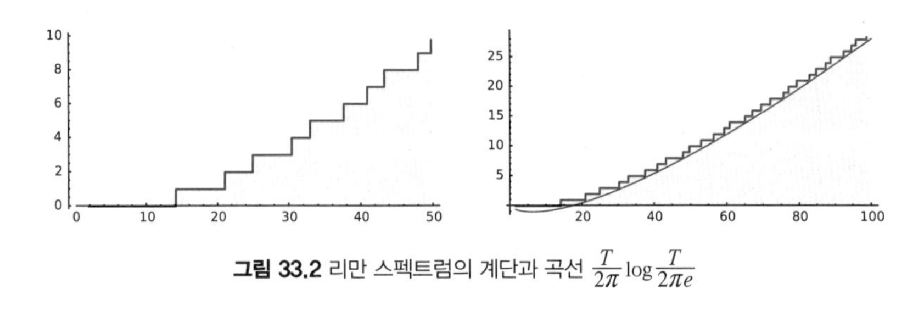

그림 33.2 리만 스펙트럼의 계단과 곡선 $\frac{T}{2\pi}\log\frac{T}{2\pi e}$

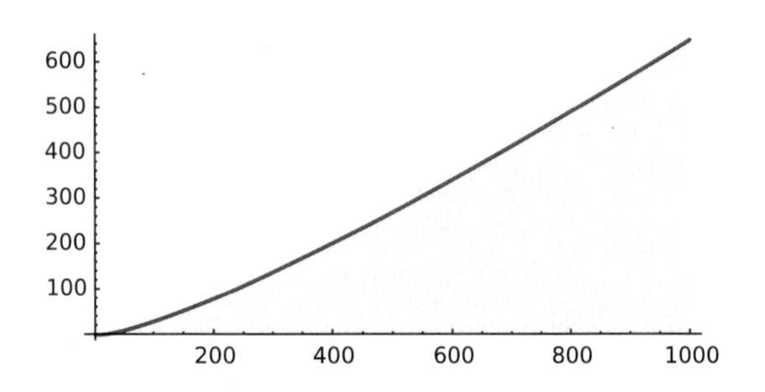

그림 33.3 리만 스펙트럼의 계단이 매끈한 곡선처럼 보인다.

현재 이 미스터리한 수 θ_i, 즉 소수의 계단에 대한 이 스펙트럼선에 대해 굉장히 풍부하고 정확하게 알고 있다. 여기에 θ_i 중 가장 작은 수 θ_1을 소수점 이하 천 번째 자리까지 소개한다.

14.134725141734693790457251983562470270784257115699243175685567460149963429809256764949010393171561012779202971548797436766142691469882254582505363239447137780413381237205970549621955865860200555566725836010773700205410982661507542780517442591306254481978651072304938725629738321577420395215725674809332140034990468034346267314420920377385487141378317356396995365428113079680531491688529067820822980492643386667346233200787587617920056048680543568014444246510655975686659032286865105448594443206240727270320942745222130487487209241238514183514605427901524478338354254533440044879368067616973008190007313938549837362150130451672668389200391762851232128542205239691334258322753351640601697635275637589695376749203361272092599917304270756830879511844534891800863008264831251691127106829105237596179774318151707135453167754951538289378490364747097270199484855322092535743579092261252477365955180169752334612139773160053541259267474557258778014726098308089786007125320875093959979666067537838121489190886497727755442065653205240

그리고 혹시 맨 처음 2,001,052개 의 θ_i들을 오차 범위 $3 \cdot 10^{-9}$ 이내로 알고 싶다면, 아래 소개한 웹사이트에 나오는 앤드류 오들리즈코Andrew Odlyzko의 표를 참조하라.

http://www.dtc.umn.edu/~odlyzko/zeta_tables

34 리만 스펙트럼에 대한 추가 질문들

이미 사람들이 처음 10조 개의 θ를 계산했지만,* 중복도multiplicity가 1보다 큰 것은 하나도 없었기 때문에, 일반적으로 리만 스펙트럼에서 모든 θ의 중복도는 1일 거라고 예상한다.

그러나 이러한 예상과는 무관하게, 앞으로 리만 스펙트럼에서 어떤 원소의 중복도가 1보다 크다면, 관례에 따라 그 중복도에 해당하는 횟수만큼 반복해서 그 원소를 셀 것이다. 따라서 만약 중복도가 2인 θ_n이 있다면, 우리는 리만 스펙트럼을 다음과 같은 수열로 생각한다.

$$\theta_1, \theta_2, \cdots, \theta_{n-1}, \theta_n, \theta_n, \theta_{n+1}, \cdots\cdots$$

이 수들 가운데 무한 등차수열은 없다고 추측되어 왔다. 더 폭넓게 보자면, θ_i와 그 평행이동 사이에 어떤 눈에 띄는 연관성이 없다고, 즉 그림 34.1처럼 임의의 양수 T를 법modulo으로 한 θ_i의 분포가 무작위적이라고 기대할 수 있다.

* 자세한 내용은 http://numbers.computation.free.fr/Constants/constants.html을 보라.

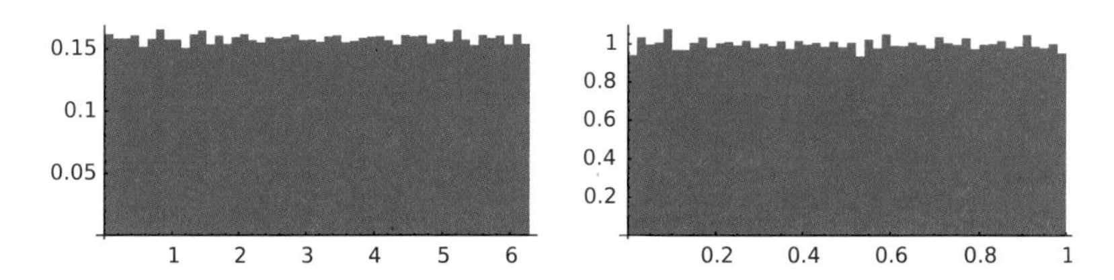

그림 34.1 2π를 법으로 한(왼쪽), 그리고 1을 법으로 한(오른쪽) 리만 스펙트럼에 대한 오들리즈코 계산의 도수 히스토그램

6장에 나온 소수들 간의 간격에 관한 이야기와 비슷하게, 리만 스펙트럼에서도 인접한 θ들 사이의 **쌍 상관 함수**pair correlation function 및 간격의 통계를 계산할 수 있다(http://www.baruch.cuny.edu/math/Riemann_Hypothesis/zeta.zero.spacing.pdf 참고). 이 연구는 몽고메리H. L. Montgomery와 다이슨F. J. Dyson에 의해 시작되었다. 다이슨이 지적했듯이, 리만 스펙트럼으로부터 얻는 분포는 확률 유니터리 행렬random unitary matrix*의 고윳값들의 분포와 유사하다. 이로부터 정수론 및 다른 수학분야에서 추측의 강력한 원천으로 활용되는 **확률 행렬 발견법**random matrix heuristics이라는 이론이 탄생하였다.

다음은 차 $\theta_{i+1}-\theta_{i}$의 분포를 나타내는 히스토그램이다.

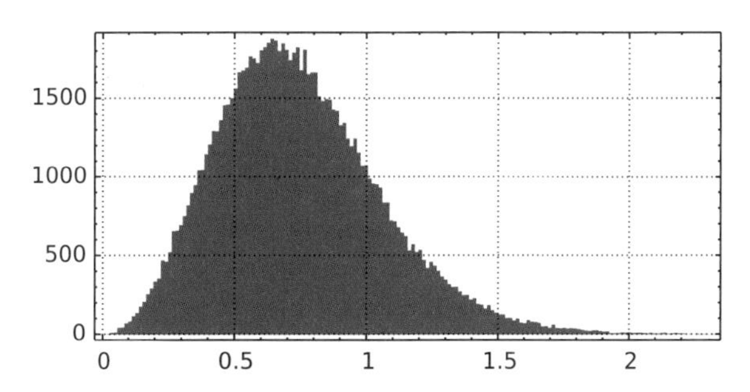

그림 34.2 리만 스펙트럼에서 처음 99,999 간격의 도수 히스토그램

* 힐베르트–포여 추측(Hilbert–Pólya Conjecture)이라 알려진 이론의 관점에서 볼 때, 리만 스펙트럼과 행렬의 고윳값 사이에 어떤 관계가 있다면 리만 가설을 이해하려 할 때 정말 흥미진진할 것이다(http://en.wikipedia.org/wiki/Hilbert%E2%80%93P%C3%B3lya_conjecture를 보라).

35 리만 스펙트럼에서부터 소수로 가기

소수의 리만 스펙트럼이라는 명칭에 걸맞게, 앞서 해 본 것과 비슷한 방식으로 이 스펙트럼을 소수들의 위치에 관한 정보를 얻는 데 사용할 수 있는지 그림을 살펴보자. 예를 들어 앞서 나온 두 장에서 이야기한 것처럼, 큰 C에 대하여 우리 함수

$$\hat{\Phi}_{\le C}(\theta) := \sum_{\text{소수거듭제곱 } p^n \le C} p^{-m/2} \log(p) \cos(n \log(p)\theta)$$

가 스펙트럼을 콕 집어내듯이, 어떤 식으로 소수 거듭제곱들을 콕 집어내는 실수들의 모임

$$\theta_1, \theta_2, \theta_3, \theta_4, \theta_5, \cdots\cdots$$

이 진동수를 주는 삼각급수가 있는지 질문할 수 있다.

돌아오기 게임을 시작하기 위해, (0과) θ_i를 스펙트럼으로 가지는 다음의 삼각급수를 고려하자.

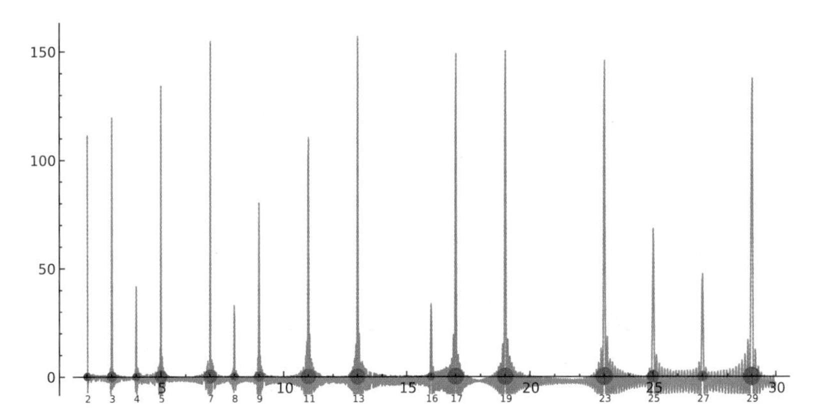

그림 35.1 $-\sum_{i=1}^{1000}\cos(\log(s)\theta_i)$의 그림. 여기서 $\theta_1 \sim 14.13, \cdots$은 리만 스펙트럼의 처음 1000개에서 나온다. 빨간색 점들은 소수 거듭제곱 p^n에 놓여 있는데, 그 크기는 $\log(p)$에 비례한다.

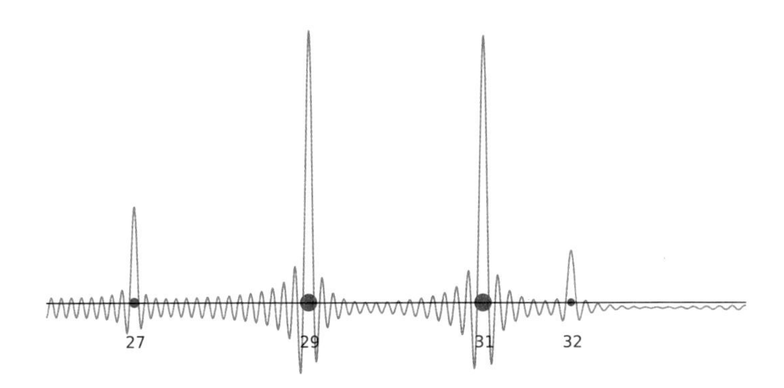

그림 35.2 쌍둥이 소수 근방에서의 $-\sum_{i=1}^{1000}\cos(\log(s)\theta_i)$의 그림. 어떻게 두 쌍둥이 소수 29와 31이 푸리에 급수에 의해 서로 떨어져 있는지, 그리고 또 어떻게 소수 거듭제곱 3^3과 2^5이 등장하는지 주목하라.

$$G_C(x) := 1 + \sum_{i<C}\cos(\theta_i \cdot x)$$

곧 알 수 있겠지만 이 함수들은 로그 스케일로 보는 게 가장 좋기 때문에, $x = \log(s)$로 치환하여 다음과 같이 쓰겠다.

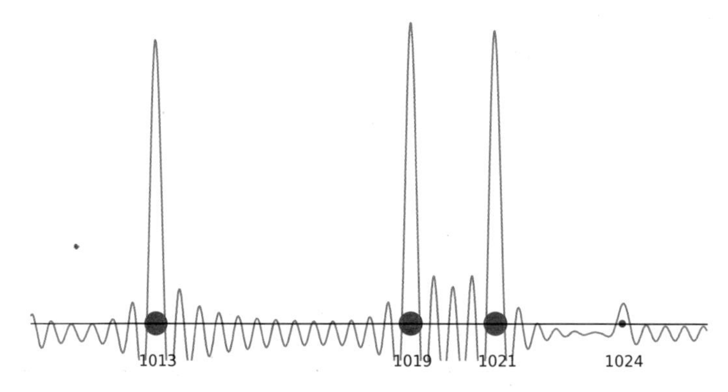

그림 35.3 15,000개의 수 θ_i를 이용한, 1,000부터 1,030까지의 푸리에 급수. 쌍둥이 소수 1,019와 1,021, 그리고 $1,024=2^{10}$에 주목하라.

$$H_C(s) := G_c(\log(s)) = 1 + \sum_{i<C} \cos(\theta_i \cdot \log(s))$$

이 장에서 그림을 통해 살펴본 현상의 바탕이 되는 이론적 이야기는 리만의 공식을 구체적으로 보여주는 징표들이다. 이 일반적 주제에 대한 최신 참고 문헌은 미주 [20]에 소개되어 있다.

MEMO

MEMO

MEMO

MEMO

4부 리만으로 돌아가다

36 스펙트럼으로부터 어떻게 $\pi(X)$를 만들까? (리만의 방법)

3부에서 자연수 전체에서 소수의 위치에 대한 핵심적인 정보를 (우리의 생각에 따르면) 전부 포함하는 초함수인 $\Phi(t)$를 다루었다. 이 $\Phi(t)$를 이용하여 리만 가설을 깔끔하게 다른 방식으로 서술할 수 있었다. 그러나 $\Phi(t)$는 손대지 않은 애초의 소수의 계단을 손보아 일련의 재조정과 재구성을 거쳐 나온 결과였다. 우리가 원래 문제, 즉 소수의 계단을 이해하려는 것으로부터 너무 멀리 온 건 아닌지를 테스트하는 방법은, 우리가 원래 계단으로 되돌아갈 수 있는지, 그리고 오로지 $\Phi(t)$에 대한 정보로부터 -다른 말로 하자면, 19장에서 공식화한 형태의 리만 가설을 가정하고서- "그것을 재구성"할 수 있는지 보는 것이다. 오로지 실수의 수열 $\theta_1, \theta_2, \theta_3, \cdots$에 대한 지식으로부터 소수의 계단 $\pi(X)$를 만들 수 있을까?

이에 대한 대답은 (리만 가설을 가정하면) '그렇다'이다. 리만 자신이 그 유명한 1859년 논문에서 이를 매우 아름답게 설명하였다.

리만은 소수의 스펙트럼을 사용하여 소수의 계단을 분석하거나 합성하는 정확한 해석적 공식을 제공하였다. 이 공식은 함수를 코사인들로 구성하는 푸리에 해석으로부터 출발하였다. 13장에 등장했던 가우스의 추측이 $\mathrm{Li}(X)=\int_2^X dt/\log(t)$이었음을 기억하자. 이 논의를 계속하기 위해서는 어느 정도 복소수에 익숙해질 필요가 있다. 왜냐하면 리만의 공식을 정확히 정의하려면, 함수 $\mathrm{Li}(X)$의 정의가 복소수 $X=a+bi$에 대해서도 성립하도록 확장시킬 필요가 있기 때문이다. 사실, 좀 더 본질적으로는 선적분path integral $\mathrm{li}(X):=\int_2^X dt/\log(t)$를 이용할 수도 있다.

리만은 다음과 같이 정의하며 논의(그림 36.1 참고)를 시작하였다.

$$R(X)=\sum_{n=1}^{\infty}\frac{\mu(n)}{n}\mathrm{li}(X^{\frac{1}{n}})=\lim_{N\to\infty}R^{(N)}(X):=\lim_{N\to\infty}\sum_{n=1}^{N}\frac{\mu(n)}{n}\mathrm{li}(X^{\frac{1}{n}})$$

여기서 $R^{(N)}(X)$는 부분합을 나타내며, 이를 계산하여 $R(X)$의 근삿값을 얻을 수 있다.

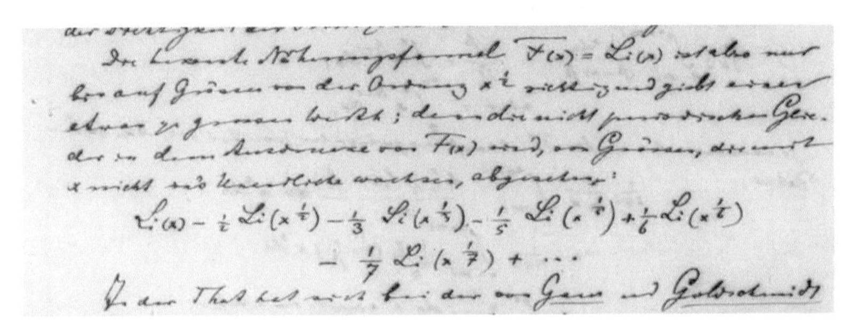

$$Li(x)-\frac{1}{2}Li(x^{\frac{1}{2}})-\frac{1}{3}Li(x^{\frac{1}{3}})-\frac{1}{5}Li(x^{\frac{1}{5}})+\frac{1}{6}Li(x^{\frac{1}{6}})-\frac{1}{7}Li(x^{\frac{1}{7}})+\cdots$$

그림 36.1 $R(X)$의 정의

이 장의 모든 논의에서는 덧셈의 순서가 중요하다. 실제 계산에서 이와 관련된 생각과 문제점들에 대하여 Riesel-Gohl을 참조하라(`http://wstein.org/rh/rg.pdf` 참고).

여기서 $\mu(n)$은 다음과 같이 정의되는 뫼비우스 함수Möbius function다.

$$\mu(n)=\begin{cases}1 & \text{(n이 제곱인수가 없는 양의 정수로 서로 다른 소인수의 개수가 짝수일 때)}\\ -1 & \text{(}n\text{이 제곱인수가 없는 양의 정수로 서로 다른 소인수의 개수가 홀수일 때)}\\ 0 & \text{(}n\text{이 제곱인수를 가질 때)}\end{cases}$$

뫼비우스 함수의 그래프가 아래 **그림 36.2**에 있다.

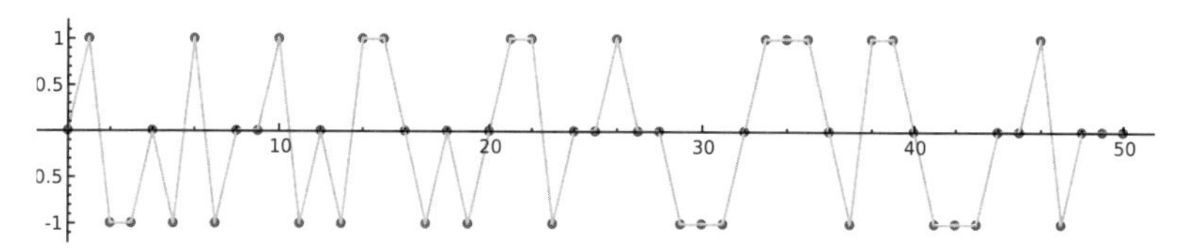

그림 36.2 파란 점들은 오직 정수에서만 정의되는 뫼비우스 함수 $\mu(n)$의 값들을 나타낸다.

17장에서 우리는 **소수 정리**를 만났다. 소수 정리는 $X/\log(X)$와 $\mathrm{Li}(X)$가 같은 속도로 무한대로 간다는 의미에서 둘 다 $\pi(X)$에 대한 근사라고 주장한다. 즉 X가 한없이 커질 때, 이 세 함수 중 두 개의 비가 전부 1로 접근한다는 말이다. 리만 가설의 맨 처음 공식(12장을 보라)은 $\mathrm{Li}(X)$가 본질적으로 제곱근 정확도를 가진 $\pi(X)$의 근사라는 것이었다. **그림 36.3–36.4**를 보면 리만 함수 $R(X)$가 이전에 봤던 어떠한 함수들보다도 훨씬 더 좋은 $\pi(X)$의 근사처럼 보인다.

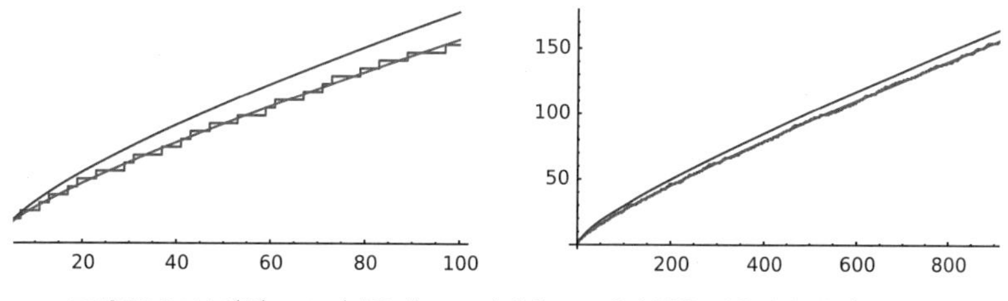

그림 36.3 $\mathrm{Li}(X)$(위), $\pi(X)$(가운데), $R(X)$(아래, 100개의 항을 이용하여 계산)의 비교.

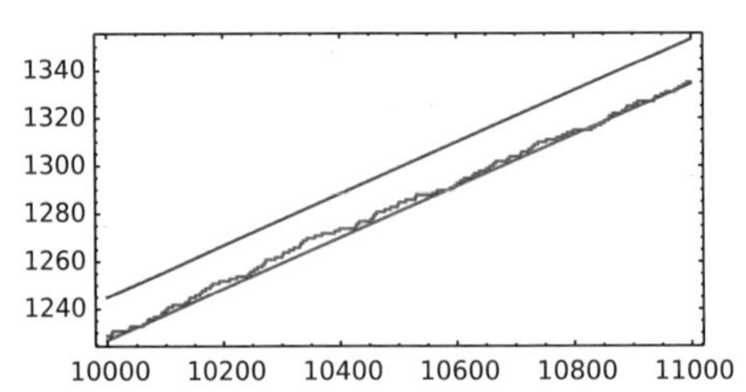

그림 36.4 클로즈업한 Li(X)(위), $\pi(X)$(가운데), $R(X)$(아래, 100개의 항을 이용하여 계산)의 비교.

리만의 매끈한 곡선 $R(X)$를 $\pi(X)$에 대한 **근본적** 근사로 생각하자. 리만은 단지 $\pi(X)$의 (추측컨대) 더 좋은 근사뿐만 아니라 훨씬 더 많은 것을 그의 훌륭한 1859년 논문에서 제안하였다(그림 36.5를 보라). 그는 $R(X)$로 sin(X)를 대체하고 스펙트럼 θ_i를 가지고서 언뜻 보면 푸리에 급수처럼 보이는 것을 만드는 방법을 찾았다. 그리고서 그것이 $\pi(X)$와 같다(수 X 자체가 소수라면 약간의 수정항이 있다)고 추측하였다.

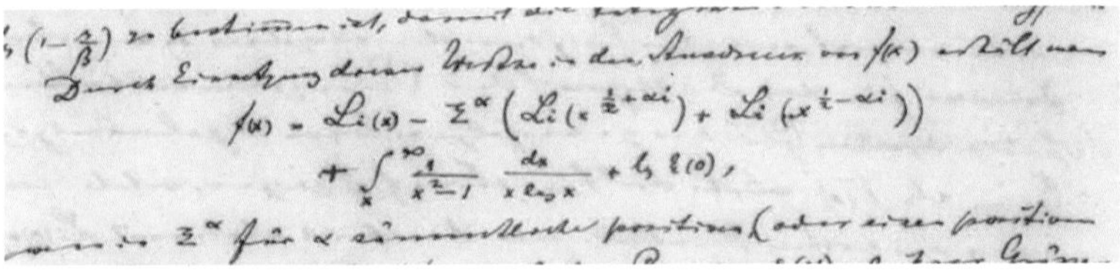

그림 36.5 $\pi(X)$에 대한 리만의 해석적 공식

이런 식으로 리만은 추측을 더 향상시킨 무한 수열을 제시했다. 그는 리만 제타 함수의 극점과 자명한 해들을 고려하는 $R(X)$의 변형인 $R_0(X)$에서 시작한 다음 수열

$$R_0(X), R_1(X), R_2(X), R_3(X), \cdots\cdots$$

을 고려했다(http://wstein.org/rh/rg.pdf에서 Riesel-Gohl의 식 (18) 참고).

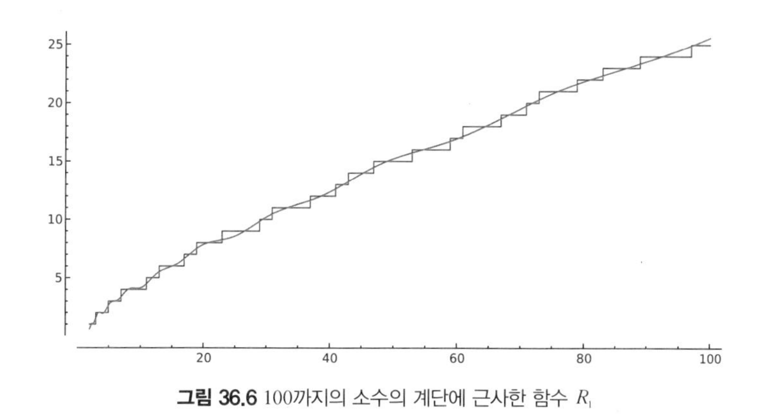

그림 36.6 100까지의 소수의 계단에 근사한 함수 R_1

그리고 리만은 각각의 $R_i(X)$가 모두 $\pi(X)$에 대한 본질적인 제곱근 근사이며, 점점 더 좋은 근사를 주는 이 수열의 극한이 $\pi(X)$에 대한 정확한 공식을 준다는 가설을 세웠다.

이런 식으로 리만은 한 "근본fundamental 함수"(즉, $\pi(X)$에 놀랍도록 가까운 매끈한 곡선)를 제공했을 뿐만 아니라, 이를 그저 출발점으로 여겼다. 왜냐하면 그는 –리만의 **조화함수**harmonics라고 부르는– 수정항들의 무한 수열을 만드는 비결을 제시했기 때문이었다. 우리는 이 "조화함수"들 중 첫째 항을$C_1(X)$, 둘째 항을 $C_2(X)$ 등등으로 나타낼 것이다. 리만은 이 첫 번째 조화함수 $C_1(X)$를 근본 함수 $R_0(X)$에 더하여, 그의 첫 번째 수정된 곡선 $R_1(X)$를 얻었다.

$$R_1(X)=R_0(X)+C_1(X)$$

리만은 $R_1(X)$에 두 번째 조화함수 $C_2(X)$를 더하여 수정함으로써 두 번째 항

$$R_2(X)=R_1(X)+C_2(X)$$

을 얻고, 이런 과정을 반복하여

$$R_3(X)=R_2(X)+C_3(X)$$

등등을 얻었다. 극한을 취하면 정확히 딱 맞는 함수를 얻게 된다.

만약 리만 가설이 참이라면, 이 수정항들

$$C_1(X),\ C_2(X),\ C_3(X),\ \cdots\cdots$$

은 모두 **제곱근 정도로 작다**square-root small.

수정항 $C_k(X)$가 모두 근본 함수 $R(X)$를 **본떠서 만들어졌으며**, 이는 이전 장의 실수 수열 $\theta_1, \theta_2, \theta_3, \cdots$을 안다면 완벽하게 묘사된다는 점에서 리만이 이 문제를 다룬 방식의 우아함이 드러난다.

리만 가설을 가정하면, 리만 수정항 $C_k(X)$는 다음과 같이 정의된다.

$$C_k(X)=-R(X^{\frac{1}{2}+i\theta_k})-R(X^{\frac{1}{2}-i\theta_k})$$

여기서 $\theta_1=14.134725\cdots$, $\theta_2=21.022039\cdots$, 등등은 소수의 스펙트럼이다(미주 [21] 참고).

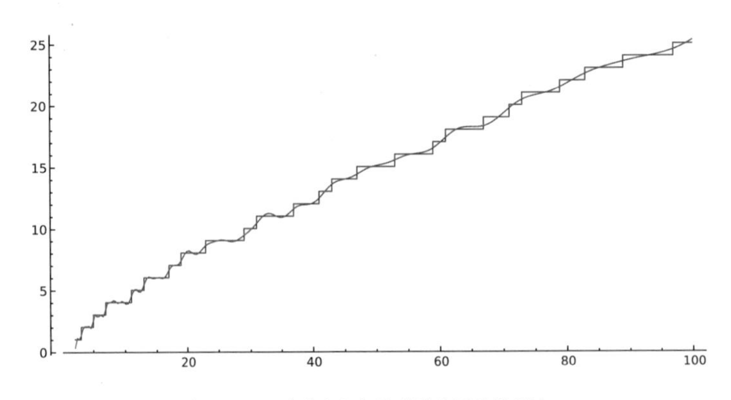

그림 36.7 100까지의 소수의 계단에 근사한 함수 R_{10}

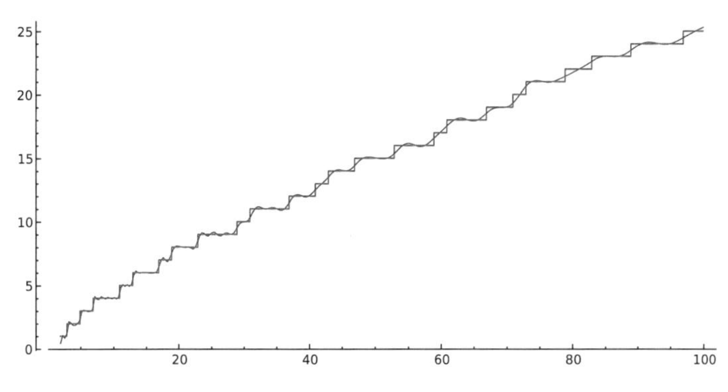

그림 36.8 100까지의 소수의 계단에 근사한 함수 R_{25}

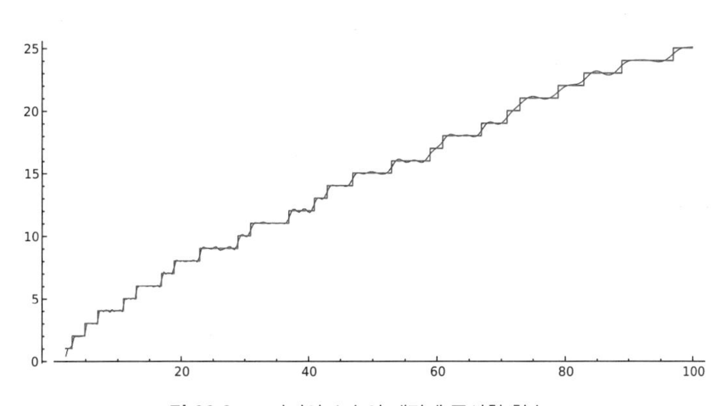

그림 36.9 100까지의 소수의 계단에 근사한 함수 R_{50}

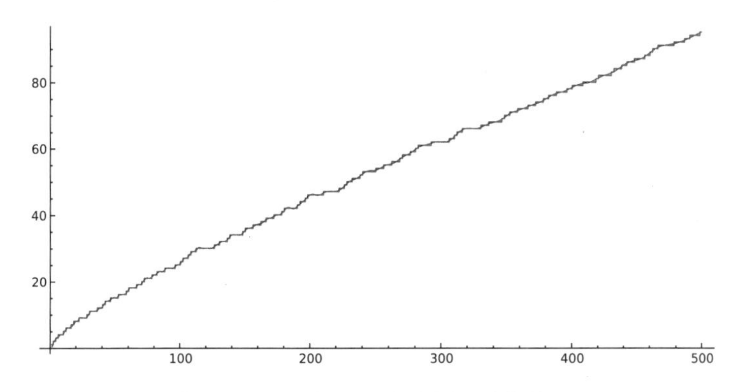

그림 36.10 500까지의 소수의 계단에 근사한 함수 R_{50}

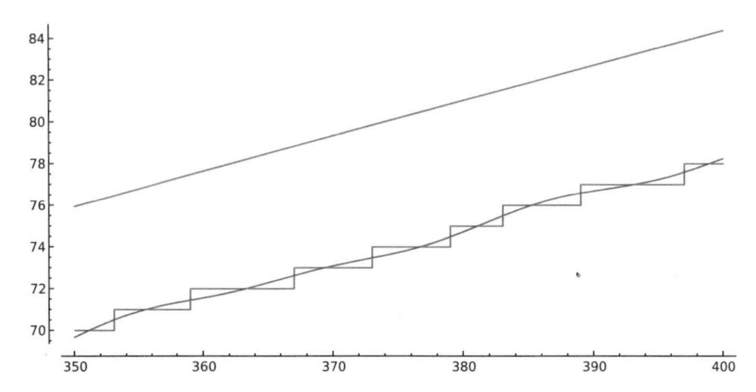

그림 36.11 350부터 400까지 구간에서 함수 $\mathrm{Li}(X)$(위, 초록색), 함수 $R_{50}(X)$(파란색), 소수의 계단

요약하자면, 리만은 실제 소수의 계단을 조사하거나 계산하지 않고서도 조화함수

$$C_1(X), C_2(X), C_3(X), \cdots\cdots$$

를 계산할 수 있게 해주는 경이로운 '비결'을 제시했다. **근본 함수**와 모든 **조화함수**들이 사인파를 모델로 하여 만들어졌지만 적절히 조정되어야 했던 푸리에의 작업 방식에 비하여, 리만은 더 높은 조화함수들을 만드는 데 단 하나의 함수, 즉 $R(X)$를 모델로 하여 모두 만들어 냈다.

그림 36.6–36.11에 나오는 다양한 k값들에 대한 R_k의 그래프들을 보면, 놀랍게도 $R_k(X)$가 $\pi(X)$로 수렴함을 알 수 있다.

37 리만의 예견대로 제타 함수가 소수의 계단을 리만 스펙트럼과 연결하다

앞 장에서 우리는 리만 가설을 이용하여 어떻게 소수의 계단으로부터 스펙트럼

$$\theta_1, \theta_2, \theta_3, \theta_4, \theta_5, \cdots\cdots$$

을 얻는지를 설명했고, 거꾸로 어떻게 되돌아갈 수 있는지에 대해 살짝 힌트를 엿보았다. 간략히 말하자면, 이 전이를 만들기 위해 "푸리에 변환"을 수행했다. 그러나 리만은 1859년 논문의 첫 페이지에서 우리가 이야기해 왔던 스펙트럼과 계단의 관계를 훨씬 더 심오한 방식으로 추론했다.

리만의 이 비상한 통찰력에 대하여 이야기하기 위해서는, 이제까지의 논의를 고려하건대 우리 주제와는 동떨어진 듯이 보이는 다음 두 가지가 필요하다.

● 레온하르트 오일러Leonhard Euler가 (대략 1740년경에) 가진 핵심적 아이

디어에 대해 살펴볼 것이다.

- 리만이 가진 아이디어의 진화 과정을 따라가기 위해서는 우리가 기초 복소 해석학을 잘 안다고 가정해야 할 것이다.

리만의 아이디어가 얼마나 굉장한지 아주 조금이나마 짐작할 수 있기를 바라는 마음에서 여기서 짧게 몇 마디만 말하겠다. 이 시점부터는 더 깊은 수학적 배경지식이 필요하다. 우리가 이야기하는 주제를 계속 더 공부하고 싶은 독자들을 위해 여기 참고문헌 목록이 있다. 이 주제를 이미 깊이 있게 알고 있는 사람뿐만 아니라 좀더 폭넓은 독자가 읽을 수 있도록 의도된 것들 중에서 우리가 가장 좋아하는 것을 선별하여, "필요한 배경지식"의 순서대로 나열하였다.

1. 존 더비셔John Deryshire의 『리만가설: 베른하르트 리만과 소수의 비밀(*Prime Obsession: Bernhard Riemann and the Greatest Unsolved Problem in Mathematics*)』(박병철 옮김, 승산, 2006). 서문에서 이미 이 책에 대하여 언급했지만, 이 책은 정말 훌륭해서 재차 언급할 만하다.

2. 리만의 제타 함수에 대한 위키피디아 내용(`http://en.wikipedia.org/wiki/Riemann_zeta_function`). 이를 누가 썼는지 요약해 말하기는 어렵지만, 그 내용의 명확함은 우리가 익명의 저자에게 받은 선물이나 마찬가지다. 저자들에게 감사를!

3. 엔리코 봄비에리Enrico Bombieri의 글(미주 [22]). 이 훌륭하고 빈틈없는 설명이 담긴 열 쪽짜리 글을 모두 이해하기 위해서는 상당한 배경

지식이 필요할지 모른다. 하지만 시험 삼아 한번 읽어 보라. 어디에서 멈추건 간에 얻을 게 많다.

레온하르트 오일러의 아이디어(1740년경)*: 야곱 베르누이Jacob Bernoulli의 『추측술*Ars Conjectandi*』(혹은 존 월리스John Wallis의 연구결과들)을 읽은 독자들은 알겠지만, 18세기 초반에 이미 연속적인 정수들의 (양의 정수 k에 대한 k 거듭제곱의) 유한 합에 관하여 풍부한 수학적 이론이 존재했다. 합

$$S_k(N) = 1^k + 2^k + 3^k + \cdots + (N-1)^k$$

은 N에 관한 $k+1$차 다항식으로, 상수항은 없고 최고차항은 $\frac{1}{k+1}N^{k+1}$이며, 유명한 일차항을 가진다. 다항식 $S_k(N)$의 일차항의 계수는 바로 **베르누이 수** B_k이다. 다항식 $S_k(N)$은 다음과 같이 계속된다.

$$\begin{aligned}
S_1(N) &= 1+2+3+\cdots+(N-1) = \frac{N(N-1)}{2} = \frac{N^2}{2} - \frac{1}{2}\cdot N \\
S_2(N) &= 1^2+2^2+3^2+\cdots+(N-1)^2 = \frac{N^3}{3} + \cdots - \frac{1}{6}\cdot N \\
S_3(N) &= 1^3+2^3+3^3+\cdots+(N-1)^3 = \frac{N^4}{4} + \cdots - 0\cdot N \\
S_4(N) &= 1^4+2^4+3^4+\cdots+(N-1)^4 = \frac{N^5}{5} + \cdots - \frac{1}{30}\cdot N \\
&\vdots
\end{aligned}$$

1보다 큰 홀수 k에 대하여 이 일차항은 사라진다. 짝수 $2k$에 대한 베르누이 수 B_{2k}는 멱급수 전개

$$\frac{x}{e^x - 1} = 1 - \frac{x}{2} + \sum_{k=1}^{\infty} (-1)^{k+1} B_{2k} \frac{x^{2k}}{(2k)!}$$

* 줄리언 해빌이 쓴 『오일러 상수 감마』(승산, 2008)에서 이 아이디어를 보다 자세히 살펴볼 수 있다. –편집자

에서 $\frac{x^{2k}}{(2k)!}$의 계수에서 주어지는 유리수로, 다음과 같은 값을 갖는다.

$$B_2 = \frac{1}{6},\ B_4 = \frac{1}{30},\ B_6 = \frac{1}{42},\ B_8 = \frac{1}{30}$$

이 수들의 분자가 항상 1은 아니라는 점을 확실히 하기 위해 여기 몇 개를 더 적는다.

$$B_{10} = \frac{5}{66},\ B_{12} = \frac{691}{2730},\ B_{14} = \frac{7}{6}$$

음수 k에 대하여 연속한 자연수의 k거듭제곱의 합에 관심을 돌려 보면, $k=-1$일 때,

$$S_{-1}(N) = \frac{1}{1} + \frac{1}{2} + \frac{1}{3} + \cdots + \frac{1}{N}$$

은 마치 $\log(N)$처럼 무한대로 발산한다. 하지만 $k<-1$ 일 때 연속한 자연수의 (지수가 1보다 큰) 거듭제곱의 역수들의 합이 등장하면서, $S_k(N)$은 수렴한다. 이것이 변수 $s=2, 3, 4, \cdots$에 대한 제타 함수 $\zeta(s)$의 최초의 등장이다. 따라서 리만에 의해 표준이 된 표기법으로 이 극한을 나타내면 다음과 같다.

$$\zeta(s) = \frac{1}{1^s} + \frac{1}{2^s} + \frac{1}{3^s} + \cdots\cdots$$

오일러가 발견한 놀라운 재공식화는 이 무한 합을 소수와 연관된 인수들의 무한 곱으로 나타낸 식이었다.

$$\zeta(s) = \sum_n \frac{1}{n^s} = \prod_{\text{소수 } p} \frac{1}{1-p^{-s}}$$

여기서 왼쪽에 있는 무한 합과 오른쪽에 있는 무한 곱은 둘 다 $s>1$이면 수렴한다(그리고 같다). 오일러는 양의 짝수에서 이 합을 계산하였는데,

—놀랍게도— 베르누이 수들이 다시 등장했다. 이 값들과 원주율 π가 함께 양의 짝수에서 제타 함수의 값들을 준다.

$$\zeta(2)=\frac{1}{1^2}+\frac{1}{2^2}+\cdots=\pi^2/6\simeq 1.65\cdots\cdots$$
$$\zeta(4)=\frac{1}{1^4}+\frac{1}{2^4}+\cdots=\pi^4/90\simeq 1.0823\cdots\cdots$$

이고, 일반적으로 다음이 성립한다.

$$\zeta(2n)=\frac{1}{1^{2n}}+\frac{1}{2^{2n}}+\cdots=(-1)^{n+1}B_{2n}\pi^{2n}\cdot\frac{2^{2n-1}}{(2n)!}$$

오일러의 공식에 관해 한 가지 덧붙일 것은 π의 어떠한 거듭제곱도 유리수가 아니라는 (한참 후에야 비로소 알려진) 사실로부터 나온다. 어떻게 이 사실을 이용하여, 위에서 보여준 무한 곱으로 나타낸 오일러의 식이 $\zeta(2)$나 $\zeta(4)$에 대한 공식, 혹은 **임의의** n에 대한 $\zeta(2n)$의 공식과 결합하여 무한히 많은 소수가 존재한다는 걸 증명하는지 알겠는가?

파프누티 르보비치 체비셰프Pafnuty Lvovich Chebyshev의 아이디어(1845년경): 함수 $\zeta(s)$의 진화의 역사에서 두 번째 결정적 순간은, s에 1보다 큰 실수 —그저 정수가 아니라—를 허용하는 확장된 영역에서 체비셰프가 위와 **동일한 공식**을 사용한 순간이다. 연속한 자연수의 거듭제곱의 역수들의 오일러의 합을 정의하는 정의역을 이렇게 확장한 것을 이용하여, 체비셰프는 큰 x에 대하여 $\pi(x)$와 $x/\log(x)$의 비가, 구체적으로 주어진 두 개의 상수에 의해 위로, 그리고 아래로 유계임을 증명할 수 있었다. 그는 또한 임의의 양의 정수 n에 대하여 n과 $2n$사이의 구간에 소수가 존재함을 증명하였다(이를 **베르트랑의 공준**Bertrand's postulate이라고 부른다. http://en.wikipedia.org/wiki/Proof_of_Bertrand%27s_postulate 참고).

리만의 아이디어(1859년): 상당히 놀라운 일이 $\zeta(s)$의 진화의 세 번째 단계에서 일어났다. 체비셰프의 연속한 자연수의 지수가 양의 실수인 거듭제곱의 역수들의 합을, 리만은 **변수 s가 전체 복소평면 상의 s(단, $s=1$은 제외)까지 포함하도록 확장시켰다.** 이는 오일러 함수를 더욱 미스터리하게 확장한 것으로, 두 가지 면에서 심오하다.

- 다음 식은 지수 s의 실수부가 1보다 클 때 수렴한다.

$$\zeta(s)=\frac{1}{1^s}+\frac{1}{2^s}+\frac{1}{3^s}+\cdots\cdots$$

  (따라서 복소평면에서 $x>1$인 $s=x+iy$라는 조건에 의해 결정되는 오른쪽 반평면에서는 체비셰프가 했던 것처럼 동일한 공식을 사용할 수 있다. 하지만 이 영역을 넘어서면 안 된다). 단순하게 동일한 공식을 확장된 영역에서 마구 사용해서는 안 된다.

- 그러므로 만약 당신이 어떤 함수를 원래의 정의가 성립하는 자연스러운 영역을 넘어 "확장"하고 싶다면, 그렇게 하는 방법이 다양할지도 모른다는 사실을 직시해야 한다.

여기서 두 번째 요점을 제대로 이해하는 데에는 복소함수론이 핵심이다. 리만이 **해석적 연장**analytic continuation이라고 부르는 현상은, $\zeta(s)$를 전체 복소평면으로 확장하는 방법이 유일하다(하지만 그 방법이 **존재하는지**는 아직 모른다)는 것을 보장한다. 만약 임의로 복소평면 상에 있는 극한점limit point을 포함하는 무한 부분집합 X에서 어떤 함수가 주어졌을 때, 전체 복소평면* 에서 복소 해석학적 의미로 미분 가능한 어떤 함수를 찾고 있다면, 어쩌

* 혹은 X를 포함하는 임의의 연결된 열린 부분집합에서

면 그런 성질을 가지는 함수가 아예 없을지도 모른다. 하지만 만약 그런 함수가 존재한다면, 그런 함수는 **유일하다**. 그러나 리만은 성공했다. 그는 실제로 오일러 함수를 점 $s=1$을 제외한 전체 복소평면으로 확장할 수 있었고, 그럼으로써 오늘날 **리만 제타 함수**라고 부르는 것을 정의했다.

어디에나 나타나는 베르누이 수는 여기서도 **확장된** 제타 함수의 음의 정수에서의 함숫값으로 다시 등장한다.

$$\zeta(-n) = -\frac{B_{n+1}}{(n+1)}$$

따라서 1보다 큰 홀수 번호가 매겨진 베르누이 수들은 모두 0이 되기 때문에, 확장된 제타 함수 $\zeta(s)$의 함숫값은 모든 음의 짝수에서 실제로 0이 된다.

종종 음의 짝수 $-2, -4, -6, \cdots$을 리만 제타 함수의 **자명한 영점**이라고 부른다. 사실 제타 함수는 다른 영점들도 가지는데, 곧 보겠지만 이 다른 영점들은 −절대로− "자명한" 영점이라고 부를 수 없다.

이제 다음의 사실들을 고려해 볼 때다.

1. **리만 제타 함수는 모든 수들 가운데 소수의 거듭제곱들의 위치를 암호화한다**. 여기서 핵심은 $\zeta(s)$의 로그를 취한 다음, 그 도함수를 살펴보는 것이다(이는 결국 $\frac{d\zeta}{ds}(s)/\zeta(S)$를 살펴보는 셈이다). s의 실수부가 1보다 크다고 가정하고, 오일러의 무한 곱 공식을 사용하여 $\zeta(s)$의 로그를 취하면 다음과 같다.

$$\log\zeta(s) = \sum_{\text{소수 } p} -\log(1-p^{-s})$$

그리고 s의 실수부가 1보다 크기 때문에, 항별로 계산한 후 도함수를 취하면 다음과 같다.

$$\frac{d\zeta}{ds}(s)/\zeta(s) = -\sum_{n=1}^{\infty} \Lambda(n) n^{-s}$$

여기서 $\Lambda(n)$은 다음과 같이 주어진다.

$$\Lambda(n) := \begin{cases} \log(p) & (n\text{이 소수의 거듭제곱일 때, 즉 어떤 소수 } p\text{와 양수 } k\text{에 대해 } n=p^k\text{일 때}) \\ 0 & (n\text{이 소수의거듭제곱이 아닐 때}) \end{cases}$$

특히 $\Lambda(n)$은 소수의 거듭제곱들의 위치를 "기록한다."

2. **만약 어떤 해석 함수의 영점과 극점을 안다면, 그 함수에 대해 많은 것을 알게 된 것이다**. 다항함수나 유리함수에 대해서도 이 문장은 성립한다. 어떤 유리함수 $f(s)$가 0과 무한대에서 차수가 1인 영점을 가지고, $s=2$에서 이중 극점을 가지며, 다른 모든 점에서는 0이 아닌 유한한 함숫값을 가진다고 한다면, 당신은 즉시 이 미지의 함수가 $s/(s-2)^2$에 영이 아닌 상수를 곱한 형태라고 말할 수 있을 것이다.
리만 제타 함수의 (복소평면에 있는) 영점과 극점만 알아서는 그 함수를 완전히 결정하지 못한다. 예를 들면 어떤 함수에 e^z을 곱해도 유한한 평면에서 그 함수의 영점과 극점의 구조가 바뀌지는 않기 때문에, 무한대에서 그것이 어떻게 움직이는지에 대해서도 알아야 한다. 그러나 $\zeta(s)$의 영점과 극점에 대해 완전히 이해하면 자연수 전체에서 소수의 위치를 정확히 알아내는 데 필요한 정보를 모두 얻을 수 있을 것이다.

현재까지 알려진 상황은 다음과 같다.

- 극점에 관해 말하자면, $\zeta(s)$는 오직 하나의 극점을 가진다. 그 극점은 $s=1$에 있고, 차수order는 1이다("단순 극점simple pole"이다).
- 영점에 관해 말하자면, 우리는 이미 (음의 짝수에 놓여 있는) 자명한 영점들에 대해서 이야기했다. 하지만 $\zeta(s)$는 또 무한히 많은 **자명하지 않은** 영점들을 가진다. 이 자명하지 않은 영점들은 수직 방향 띠

$$0 < (s\text{의 실수부}) < 1$$

안에 놓여 있다고 알려져 있다.

그리고 여기 리만 가설과 동치인 또 다른 명제가 있다. 이는 리만의 1859년 논문에 나온 명제에 가장 가까운 공식화이다.

리만 가설 (세 번째 공식화)

$\zeta(s)$의 자명하지 않은 영점들은 모두 복소평면에서 그 실수부가 1/2인 복소수로 이루어진 수직선 위에 놓여 있다. 이 영점들은 다름아닌 $\frac{1}{2} \pm i\theta_1$, $\frac{1}{2} \pm i\theta_2$, $\frac{1}{2} \pm i\theta_3$, $\cdots$으로, 여기서 $\theta_1, \theta_2, \theta_3, \cdots$은 앞서 이야했던 소수의 스펙트럼을 이룬다.

이 공식에 등장하는 "1/2"은 이미 $\pi(x)$가 $\mathrm{Li}(x)$에 의해 "제곱근 정확도로" 근사된다는 사실(리만 가설이 성립할 경우에 그에 따라 도출되는 사실)과 직접적으로 관련되어 있다. 즉, 오차항이 $X^{\frac{1}{2}+\varepsilon}$에 의해 유계다. $\zeta(S)$의 모든 영점은 단순 영점이라고 추측하고 있다.

리만이 자신의 가설을 어떻게 표현했는지 살펴보자.

> "이제 이 극한들 내에서 이 실근들의 개수를 대략 알 수 있다. 모든 근이 실수일 가능성이 매우 높다. 여기서 누군가는 분명히 더 엄밀한 증명을 바랄 것이다. 그러나 나는 수차례의 헛된 시도 후에 이 연구는 잠정적으로 제쳐놓았다. 나의 다음 연구 목표에는 그것이 필요 없어 보였기 때문이다."

위의 인용문에서 리만의 근들은 θ_i이고, 그것들이 "실수"라는 명제는 리만 가설과 동치이다.

그렇다면 제타 함수는 소수의 위치와 그것의 스펙트럼에 대한 정보를 너무나 우아하게 딱 맞추는 **죔쇠**clamp 역할을 하고 있는 것이다!

이 영점들의 단순한 기하학적인 성질(하나의 직선 위에 놓여있다!)이 소수의 심오한 (그리고 표현하기 더 어려운) 규칙성과 직접적으로 동치라는 사실은, 이 영점들과 그 지배를 받는 리만 수정항의 퍼레이드가 −우리가 그 메시지를 진정으로 이해할 때− 우리에게 훨씬 더 많은 것을 알려주고, 정수론에 대한 더욱 강력한 이해를 줄 수도 있음을 암시한다. 이 복소수의 무한 집합, 즉 리만 제타 함수의 자명하지 않은 영점들은 마치 푸리에 이론에서 수소 원자의 **스펙트럼**이 하는 역할과 비슷한 역할을 $\pi(X)$에서 담당하고 있다. 소수들 자체가 여전히 우리에게 가려진 채 놓여 있는 배후의 부수적 현상일 따름일까, 아니면 아직 발견되지도 않고 가설도 세워지지 않은, 난해한 완고함을 풀 수 있는 어떤 심오한 개념적 열쇠일까? 별 생각 없이 물어보았지만 아직 답을 모르는 수에 관한 수많은 −앞서 나열했던 것들과 같은− 현상학적 질문들이 한층 더 깊은 수준의 산술학적 발견을 기다리고 있을까? 아니면 여전히 더 심오한 단계들이 기다리고 있을까? 사실 우리는 그저 막 출발점에 서 있는 것은 아닐까?

이런 생각들이 완전히 쓸모없는 생각은 아니다. 왜냐하면 감질나게 살짝살짝 보이는 유사성이, 우리가 이야기하고 있던 정수론을 이미 잘 확립된 다른 수학 분야들과 연관시키기 때문인데, -이는 주로 **알렉산더 그로텐디크**Alexander Grothendieck와 **피에르 들리뉴**Pierre Deligne의 연구 덕분으로- 여기서 리만 가설에 대응하는 유사한 명제가 실제로 증명되었다!

38 제타 함수의 동반자들

이제까지 우리 책은 전적으로 리만의 제타 함수 $\zeta(s)$와 그 영점들에 대한 것이었다. 즉 어떻게 복소평면 위에서 $\zeta(s)$의 영점들(의 위치)이 모든 자연수의 집합에서 소수들(의 위치)을 이해하는 데 필요한 정보를 포함하는지를 이야기해 왔다. 그리고 그 역에 대해서도 살펴보았다.

$\zeta(s)$가 수론의 다른 문제들과 연관된 비슷한 함수들로 이루어진 더 넓은 범주에 들어감도 당연히 말해야 할 것이다.

예를 들어 보통의 정수 대신 **가우스 정수**Gaussian integer를 생각하자. $i=\sqrt{-1}$ 이고, a와 b가 보통의 정수일 때, 가우스 정수는

$$a+bi$$

꼴의 수다. 이런 두 수를 더하거나 곱하면, 같은 꼴의 수를 얻는다. 가우스 정수 중에서 "단위unit"(즉, 그 역수가 다시 가우스 정수인 수)는 오직 네 수 $\pm 1, \pm i$뿐이다. 이 네 개의 단위를 임의의 가우스 정수 $a+bi$에 곱하면, $a+bi, -a-bi, -b+ai, b-ai$를 얻을 수 있다. 가우스 정수의 **크기**는 원점

에서부터 거리의 제곱으로 주어진다.

$$|a+bi|^2 = a^2 + b^2$$

이러한 크기 함수를 가우스 정수 $a+bi$의 **노름**norm이라 부르는데, 이는 $a+bi$와 그 "켤레 복소수conjugate" $a-bi$의 곱으로 생각할 수도 있다. 노름이 가우스 정수들의 집합에서 좋은 곱셈적 함수multiplicative function, 즉 두 가우스 정수의 곱의 노름이 각각의 노름의 곱과 같은 함수임을 주목하자.

$a>0$ 이고 $b \geq 0$ 이면서, 크기가 더 작은 두 가우스 정수의 곱으로 인수 분해할 수 없는 수 $a+bi$를 **가우스 소수**prime Gaussian integer라 자연스럽게 정의할 수 있다. 영이 아닌 모든 가우스 정수는 어떤 단위와 가우스 소수들의 곱으로 유일하게 표현할 수 있다고 할 때, 어떤 가우스 정수가 가우스 소수라면 그 크기가 보통의 소수이거나 소수의 제곱이어야 함을 증명할 수 있을까?

그림 38.1에 복소수 중 처음 나타나는 몇 개의 가우스 소수들을 그려 놓았다.

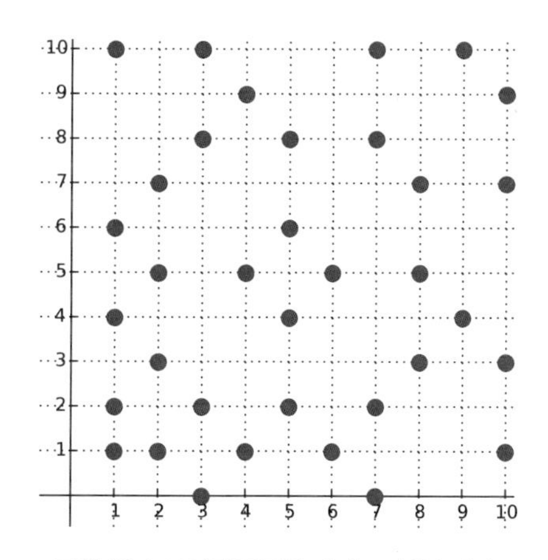

그림 38.1 10까지 좌표를 가지는 가우스 소수

그림 38.2에는 가우스 소수들을 훨씬 더 많이 그려놓았다.

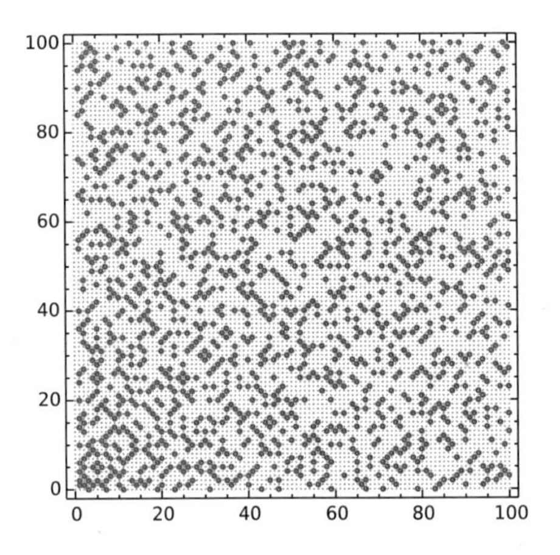

그림 38.2 100까지 좌표를 가지는 가우스 소수

그림 38.3–38.6은 노름이 어떤 특정한 수 이하인 가우스 소수들의 개수를 나타낸다.

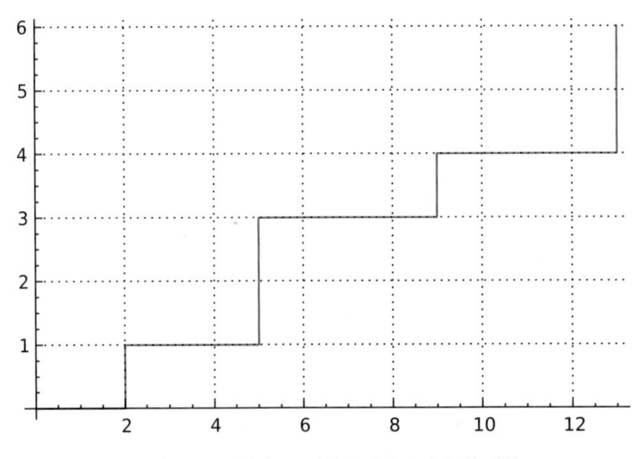

그림 38.3 노름이 14 이하인 가우스 소수의 계단

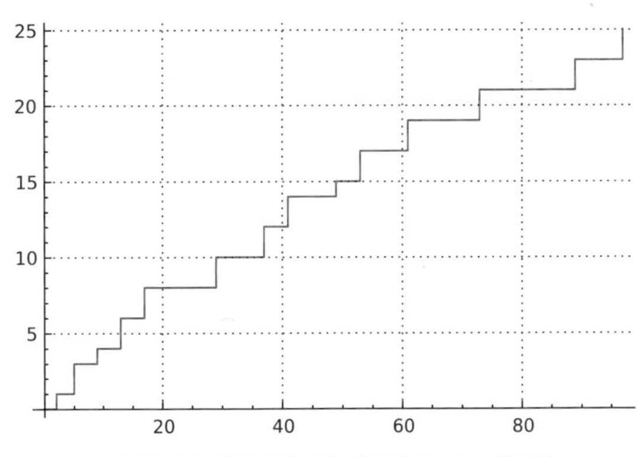

그림 38.4 노름이 100 이하인 가우스 소수의 계단

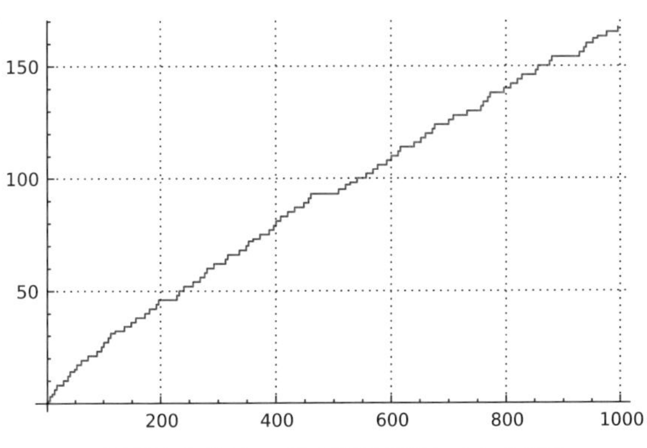

그림 38.5 노름이 1,000 이하인 가우스 소수의 계단

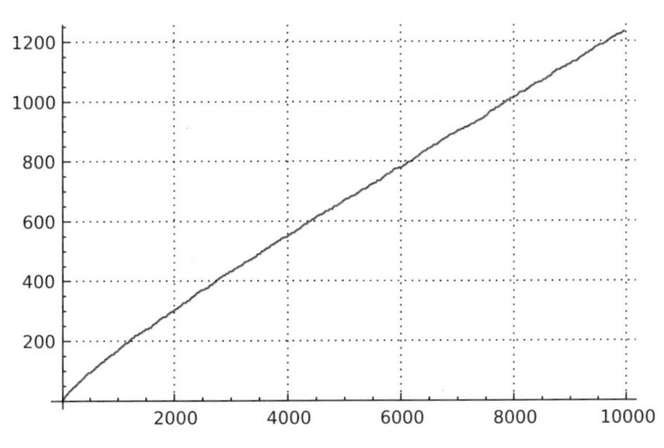

그림 38.6 노름이 10,000 이하인 가우스 소수의 계단

자, 다음과 같은 질문이 자연스럽게 나올 것이다. 가우스 소수들은 어떻게 분포되어 있을까? 그 분포와 구조에 대해 보통의 소수만큼 실제에 가까운 추정을 제공할 수 있을까? 그 답은 '그렇다'이다. 전형적인 $\zeta(s)$와 같은 역할을 하는, 리만 제타 함수와 유사한 함수가 등장하는 동반 이론도 존재한다. 그리고 그것의 "자명하지 않은 영점들"도 리만 제타 함수와 비슷한 양상을 보이는 듯하다. 계산된 결과만 보면, 그 실수부가 모두 1/2이라는 성질도 가지고 있다. 즉, 리만 가설의 동반자가 존재하는 것이다.

이는 단지 "**대 리만 가설**Grand Riemann Hypothesis"이라 불리는 이론으로 연결되는 훨씬 더 거대한 이야기의 시작일 따름이며, 유사한 문제들과 서로 연결되어 있다. 그 중 몇 문제는 실제로 해결됨으로써, 이 가설들이 참이라는 증거를 더하고 있다. 예를 들면, 고정된 개수의 변수들에 관한 (한 예로, 정수 계수를 가지는) 임의의 연립 다항 방정식과 각 소수 p에 대하여, 표수characteristic가 p인 유한체finite field에서 공통 해의 개수를 세는 데 필요한 모든 정보를 포함하는 "제타-유형" 함수가 존재한다. 그 헤아린 개수가 아주 작은 오차항만을 보이며 잘 근사될 수 있다는 사실은 "제타-유형" 함수들의 영점의 위치와 관련이 있다. 이는 그 영점들의 실수부에 관한 정확한 조건을 규정하는 유사 "**리만 가설**"이 존재한다는 의미이다(이 규정을 "함수체function field에 대한 **리만 가설**"이라고 부른다). 이 유사 가설의 아름다움은 바로 그것이 실제로 증명되었다는 점이다!

이것이 **대 리만 가설**을 믿는 또 하나의 이유가 아니겠는가?

MEMO

MEMO

MEMO

MEMO

미주

[1] 베르누이 수의 분자를 인수 분해하지 않는 방법.

37장에서 언급했듯이, 다항식

$$S_k(n) = 1^k + 2^k + 3^k + \cdots (n-1)^k$$

의 1차 항의 계수 B_k는 (부호를 제외하면) k번째 **베르누이 수**Bernoulli number이다. 이 수는 유리수이고, 기약분수로 나타내면 그 분자와 분모는 각각 서로 다른 특정한 문제들에서 어떤 역할을 한다(이는 놀라운 이야기이지만, 여기서 자세히 다룰 수는 없다!).

우리 중 한 명(배리 메이저)은 최근 논문 「어떻게 기본적 수체의 아벨리안 갈루아 확장을 만들 수 있는가?How can we construct abelian Galois extensions of basic number fields?」(http://www.ams.org/journals/bull/2011-48-02/S0273-0979-2011-01326-X/ 참고)에서 (다양한 이유로) 자신이 분수 $-B_{200}/400$을 다루고 있음을 발견했다. 여기서 B_{200}은 다름 아닌 200번째 베르누이 수이다. 이 분수의 분자는 상당히 크다. 그 값은 –기대하시라–

389 · 691 · 5370056528687에 다음의 204자릿수 N을 곱한 값이다.

$$N := \begin{aligned}&3452690329392158031464109281736967404068448156842 3\\&9672101299206421451944591925694154456527606766236\\&0108749727241555708425276527278687763629595196208\\&7273561220060103650687168112461098659687818073890 1\\&486527\end{aligned}$$

그리고 그는 이 204자릿수가 소수라고 **잘못 주장했다.** 다행히 바르토츠 나스크렉키Bartosz Naskręcki가 이 오류를 알아차렸다. 우리의 204자릿수는 소수가 **아니다.**

나스크렉키는 이를 어떻게 알았을까? 그는 어떤 수가 소수인지를 시험하기 위한 테스트 목록 중에 가장 기본적인 테스트를 사용하여 이를 알아냈다. 우리는 그것을 "**페르마 2-테스트**"라고 부른다. 어떻게 N이 **페르마 2-테스트를 통과하지 못했는지** 보이기 전에, 우선 이런 유형의 테스트에 대해 일반적인 설명을 하겠다.

이 테스트는 **페르마의 작은 정리**Fermat's Little Theorem라고 알려진 유명한 결과에서 아이디어를 얻었다. 여기서 "작은little"이라는 단어는 당신이 아는 바로 그 페르마의 마지막 정리Fermat's Last Theorem와 구분하기 위해 앞 글자를 맞추어 붙인 것이다.

정리 1 (페르마의 작은 정리)

p가 소수일 때, a가 p와 서로소라면 a^{p-1}은 p로 나누어떨어진다.

연습문제로 이를 증명해 보는 것도 좋겠다. 이를 증명하는 많은 방법 중 하나를 위한 힌트를 한 단어로 나타내면, 그것은 **귀납법**induction이다.*

이제 이를 논리학자들이 **대우** 명제라고 부르는 형태로 사실상 다시 서술함으로써, 이것을 판별법으로 사용할 것이다.

정리 2 (페르마의 a-테스트)

M이 양의 정수일 때, M과 서로소인 어떤 수 a에 대하여 $a^{M-1}-1$이 M으로 나누어떨어지지 않으면, M은 소수가 아니다.

즉, 나스크렉키는 (위의 204자릿수 N에 대하여) $2^{N-1}-1$을 계산하였고, 그것이 N으로 나누어떨어지지 **않음****을 알았다. 그러므로 우리의 N은 페르마 2-테스트를 통과하지 못했다. 따라서 N은 소수가 아니다. 그러나 N이 소수가 아님을 밝히는 것이 그렇게 "쉬웠다"면, 다음과 같은 질문이 자연스럽게 나온다. 실제로 N의 소인수 분해는 어떻게 될까? 이 문제는 그리 쉽지 않다고 밝혀졌다. 나스크렉키는 이 문제에 대한 표준적인 인수 분해 알고리즘을 만드는 데 컴퓨터 시간으로 24시간을 쏟아 부었지만, 그건 문제를 해결하는 데 충분한 시간이 아니었다. 일반적인 베르누이 수의 분자의 인수 분해는 사뮤엘 웨그스태프Samuel Wagstaff가 운영하는 매우 흥미로운 웹사이트의 주제이다(http://homes.cerias.purdue.edu/~ssw/bernoulli). 이 웹사이트에 접속하면 인수 분해에 대한 지금까지의 모든 시도를 다

* 여기 증명이 있다.

$$(N+1)^p \equiv N^p+1 \equiv (N+1) \quad \mod p.$$

여기서 첫 번째 등식은 이항 정리, 두 번째 등식은 귀납법을 사용하여 보일 수 있다.

** 수 $2^{N-1}-1$을 N으로 나누면, 그 나머지는 다음과 같다.

333458110059595302515396973928279031739460667738197064561672528599692566100005
682927273357926209571597827398131150054514508640724258354848985651127636929707
99269335402819507605691622173717318335512037457

견뎌낸 합성수들의 목록을 발견할 수 있다(http://homes.cerias.purdue.edu/~ssw/bernoulli/composite). 200번째 베르누이 수가 그 목록의 12번째에 있다. 웹페이지 http://en.wikipedia.org/wiki/Integer_factorization_records에 인수 분해 도전 문제의 기록들이 나열되어 있다. 2009년에 해결된 한 가지 도전 문제는 인수 분해하기 어려운 232자릿수와 연관된 것이었다. 그 인수 분해를 어느 커다란 연구 집단이 완성했는데, CPU 시간으로 2000년가량이 걸렸다. 이는 N을 인수 분해할 수 있을 거라는 확신을 주는 데 충분한 동기를 부여했다. 따라서 우리는 이 분야의 선도적 연구자들에게 N을 인수 분해해달라고 부탁했다. 그리고 그들은 성공했다!

B200의 인수 분해

빌 하트Bill Hart의 발표. 2012년 8월 5일 오후 7시 24분.

200번째 베르누이 수의 분자의 인수 분해를 발표하게 되어 기쁘다.

$$N=389\cdot 691\cdot 5370056528687\cdot c_{204}$$

$$c_{204}=p_{90}\cdot p_{115}$$

$$p_{90}=149474329044343594528784250333645983079497454292$$
$$=838248852612270757617561057674257880592603$$

$$p_{115}=2309888494878522213154166450313710367329236616 13$$
$$=6192088115975953987911840431532723141985023484 76$$
$$=262970389605037770 9$$

많은 이들의 도움으로 이 204자릿수 합성수의 인수 분해가 가능했다.

- 윌리엄 스타인과 배리 메이저가 우리에게 이 수를 인수 분해하라는 도전 문제를 제시했다.
- 샘 웨그스태프는 베르누이 수들의 분자의 인수 분해 표를 http://homes.cerias.purdue.edu/~ssw/bernoulli/bnum에 모아놓았다. 이 표에 따르면 200번째 베르누이 수는 인수 분해되지 않는 분자를 가진, 번호가 두 번째로 작은 수다(번호가 제일 작은 수는 188번째 베르누이 수이다).
- 시릴 부비에Cyril Bouvier는 국립 정보 자동화 연구소Inria Nancy – Grand Est에 있는 TALC 클러스터를 이용하여 60자릿수 수준까지 ECM으로 c204를 인수 분해하려고 시도했다.
- yoyo@home은 분산된 계산 플랫폼 http://www.rechenkraft.net/yoyo/의 많은 자원자들의 도움을 받아, 65자릿수 수준까지 ECM으로 c204를 인수 분해하려고 시도했다. ECM이 성공을 거두지 못한 후, 우리는 GNFS로 c204를 인수 분해하기로 결정했다.
- 메르센 포럼에 있는 많은 사람들이 다항식 선택에 도움을 주었다. 가장 좋은 다항식은 쉬 베이Shi Bai가 찾았는데, CADO-NFA에서 자신의 클레인정의 알고리즘Kleinjung's algorithm을 실행한 결과였다(http://www.mersenneforum.org/showthread.php?p=298264#post298264). '체로 거르기'는 그레그 차일더스Greg Childers 덕분에 NFS@home을 이용한 많은 자원자에 의해 실행되

었다. NFS@home에 대해 더 자세히 알고 싶다면, http://escatter11.fullerton.edu/nfs를 참고하라. 이 인수 분해는 이런 식으로 나누어 시도하는 것이 GNFS 인수 분해 신기록을 찾는데 적합한 방법일 수 있음을 보여주었다. 이번 결과는 지금까지 NFS@home이 수행했던 것 중 가장 큰 GNFS 인수 분해였다. 두 번째로 큰 것은 $2^{1040}+1$이었다.

- 필터링과 선형 대수라는 서로 독립적인 두 방향의 실행이 있었다. 하나는 빌 하트에 의해 만들어진 48-코어 클러스터를 사용하는 MSIEVE(http://www.boo.net/~jasonp/qs.html)로 그레그 차일더스가 수행했으며, 또 하나는 Grid 5000 플랫폼을 이용하는 CADO-NFA(http://cado-nfs.gforge.inria.fr/)로 엠마누엘 토메Emmanuel Thomé와 폴 짐머만Paul Zimmermann이 수행했다.
- 완성된 첫 번째 선형 대수 실행은 CADO-NFS로 이루어진 것이었다. 따라서 우리는 다른 실행은 중단하기로 결정했다.

빌 하트

우리는 SageMath에서 위의 소인수 분해를 다음과 같이 확인했다.

```
sage: p90 = 1494743290443435945287842503336459830794974542928382488526122707576175610576742578805926O3
```

sage: p115 = 23098884948785222131541664503137103673292366161361920881159759539879118404315327231419850234847626297038960503777O9

```
sage: c204=p90*p115
sage: 389*691*5370056528687*c204==-numerator(bernoulli(200))
True
sage: is_prime(p90), is_prime(p115), is_prime(c204)
(True, True, False).
```

[2] 주어진 정수 n을 소수들의 곱으로 나타내려 할 때, 사용할 수 있는 알고리즘은 다양하다. 우선, **시험적인 나눗셈**trial division을 적용할 수 있다. 단순히 n을 각 소수 2, 3, 5, 7, 11, 13, …으로 차례대로 나누어 보면서, 작은 소인수(서너 자릿수까지)를 발견하는 것이다. 이 방법으로 우리의 인내심이 허용하는 만큼 많은 소수를 제거한 후에, 보통은 다음 단계의 **렌스트라의 타원곡선 방법**Lenstra's elliptic curve method이라는 기법으로 옮겨간다. 이는 n이 더 큰 소수(예를 들면, 대략 10–15 자릿수 정도)에 의해 나누어떨어지는지를 확인해 준다. 타원곡선 방법을 사용하는 데에도 인내심이 바닥나고 나면, 그 다음으로는 **이차 체**quadratic sieve라 불리는 방법으로 시도해 본다. 이 방법은 p와 q가 대충 같은 크기의 소인수이고, n이 이를테면 100자리(100이란 수는 실행에 따라 달라질 수 있지만 말이다)가 안 되는 크기의 수일 때, $n=pq$ 형태의 수들을 소인수 분해하는 데 잘 작동한다. 위의 모든 알고리즘–그리고 더 많은 알고리즘–이 SageMath에서 실행된다. SageMath에서 factor(n)이라고 타이핑하면, 디폴트 값으로 이러한 알고리즘들이 작동된다. 스스로 해 보려면 factor(어떤 수, verbose=8)를 한번 타이핑해 보라.

이차 체가 실패하면, 마지막으로 의지할 것은 아마도 슈퍼컴퓨터에서 **수체 체**number field sieve 알고리즘을 실행하는 것밖에 없을 것이다. 수체 체가 얼마나 강력한지(혹은 관점에 따라, 무력한지!)는 이 알고리즘을 이용하여 일반적 수의 소인수 분해에 대한 기록을 세운, RSA-768이라고 불리는 다음의 232자릿수 n의 소인수 분해의 예를 통해 알 수 있다(https://eprint.iacr.org/2010/006.pdf).

n=123018668453011775513049495838496272077285356959533
479219732245215172640050726365751874520219978646938995
647494277406384592519255732630345373154826850791702612
214291346167042921431160222124047927473779408066535141
9597459856902143413

이는 pq 꼴로 소인수 분해되는데, 이때 p와 q는 다음과 같다.

p=3347807169895689878604416984821269081770479498371376
8568912431388982883793878002287614711652531743087737814
467999489

q=3674604366679959042824463379962795263227915816434308
7642676322838157396665112792333734171433968102700927987
36308917

우리는 당신이 직접 SageMath에서 n을 소인수 분해해 보기를, 그리고 그것이 실패함을 눈으로 확인해 보기를 권한다. SageMath는 수체 체 알고리즘의 실행을 포함하지 않지만, 현재 사용 가능한 몇몇 무료 실행 방법들이 존재하기는 한다.

[3] "엄청나게 큰 수" $p=2^{243,112,609}-1$을 재빨리 계산하는 데에 SageMath를 사용할 수 있다. 단순히 `p=2^43112609-1`이라고 타이핑하기만 하면 순식간에 p가 계산된다. 어떻게 p가 **계산되었을까?** 내부적으로 p는 이제 컴퓨터 메모리 안에 2진수로 저장된다. p의 특별한 형태를 생각하면, 계산하는 데 시간이 별로 들지 않았다는 게 놀랍지는 않다. 훨씬 더 어려운 부분은 p를 10진법으로 나타내는 것, 즉 `d=str(p)`를 계산하는 것으로, 이는 몇 초가 걸린다. 이제 p의 마지막 50자릿수들을 알기 위해서 `d[-50:]`을 타이핑해 보라. p의 각 자릿수들의 합이 58,416,637임을 계산하기 위해서는 `sum(p.digits())`라고 타이핑해 보라.

[4] 인수 분해에 대한 상황과 반대로, 이 크기의 정수들(예를 들어 소수 p와 q)이 소수인지 아닌지를 테스트하는 것은 비교적 쉽다. 임의의 천 자릿수가 소수인지 아닌지를 1초도 걸리지 않고서 말할 수 있는 빠른 알고리즘들이 있다. SageMath 명령어 `is_prime`을 이용하여 스스로 한번 시도해 보라. 예를 들어 p와 q가 미주 [2]에 있는 것과 같은 수라면, `is_prime(p)`와 `is_prime(q)`는 재빨리 True를 출력값으로 내놓고, `is_prime(p*q)`는 False를 출력값으로 내놓을 것이다. 그러나 `factor(p*q, verbose=8)`라고 입력하면, SageMath가 한없이 실행되면서 pq를 소인수 분해하는 데 실패함을 볼 수 있을 것이다.

[5] Sage에서 함수 prime_range는 어떤 영역에서의 소수들을 나열한다. 예를 들어 prime_range(50)은 50까지의 소수들을 출력값으로 내놓고, prime_range(50, 100)은 50부터 100 사이의 소수들을 출력값으로 내놓는다. SageMath에서 prime_range(10^8)이라고 입력하면 약 1초 만에 1억까지의 소수들을 나열한다. 또한 v=prime_range(10^9)라고 입력하면 10억까지의 소수들도 나열할 수 있다. 하지만 이는 많은 양의 메모리를 사용할 것이므로, 이를 시도하다가 컴퓨터가 먹통이 되지 않도록 조심해야 한다. 한편 len(v)라고 입력하면 10억까지 $\pi(10^9)$=50,847,534개의 소수가 있음을 알 수 있다. 또한 모든 소수들을 나열하지 않고서도 명령어 prime_pi(10^9)을 이용하면 $\pi(10^9)$을 직접 계산할 수도 있다. 이 방식이 훨씬 더 빠른데, 이는 어떤 기발한 개수 세기 트릭들을 사용하여 실제로 소수들을 모두 나열하지 않고서 소수들의 개수를 찾아내기 때문이다.

19장에서는 우선 소수와 소수의 거듭제곱들의 개수를 모두 세면서 소수의 계단을 손보았다. 소수가 아닌 소수의 거듭제곱은 별로 없다. 10^8까지 5,762,860개의 소수의 거듭제곱들 중에 오직 1,405개만이 소수가 아니다. 이를 확인하기 위해 우선 a=prime_pi(10^8); pp=len(prime_powers(10^8))이라고 입력해 보자. (a, pp, pp-a)라고 치면, 삼중쌍 (5761455, 5762860, 1405)이 출력값으로 나온다.

[6] 하디와 리틀우드는 소수들의 간격에 대한 그런 질문들에 대해 훌륭한 답을 추측했다. 가이Guy의 책 『수론에서의 미해결 문제들*Unsolved*

Problems in Number Theory』(2004)의 문제 **A8**을 보라. 가이의 책이 X까지 소수들 중 고정된 짝수 k만큼 차이가 나는 순서쌍들의 개수 $P_k(X)$를 세는 것에 관해 이야기했음을 주목하라. $P_k(X)$에 대해 소수들의 순서쌍이 연속적으로 나온다는 전제조건이 없기 때문에 $P_k(X) \geq \mathrm{Gap}_k(X)$가 성립한다.

[7] $f(x)$와 $g(x)$가 실변수 x에 관한 실함수로, 임의의 $\varepsilon > 0$에 대하여 충분히 큰 x에서 두 함수의 함숫값이 모두 $x^{1-\varepsilon}$과 $x^{1+\varepsilon}$사이에 있고 그 차의 절댓값에 대해 $|f(x) - g(x)| < x^{\frac{1}{2}+\varepsilon}$이 성립하면, $f(x)$와 $g(x)$가 **서로에 대한 좋은 근사**good approximations of one another라고 말한다. 함수 $\mathrm{Li}(X)$와 $R(X)$는 서로에 대한 좋은 근사이다.

[8] $\pi(X)$에 대한 이 계산은 2012년 데이비드 플랫David K. Platt이 했으며, 이는 이제까지 계산된 것 중 가장 큰 $\pi(X)$의 값이다. 더 자세한 내용은 `http://arxiv.org/abs/1203.5712`를 보라.

[9] 사실 리만 가설은 모든 $X \geq 2.01$에 대하여

$$|\mathrm{Li}(X) - \pi(X)| \leq \sqrt{X} \log(X)$$

라는 것과 동치다. 크랜달Crandall과 포머런스Pomerance의 책 『소수: 계산적 관점*Prime Numbers: A Computational Perspective*』 1.4.1절을 보라.

[10] 이를 증명하기 위한 힌트를 제시한다. $\mathrm{Li}(X)$의 도함수와 $x/\log x$의 도함수의 차이를 계산해 보라. 정답은 $1/\log^2(x)$이다. 따라서 x

가 무한대로 감에 따라 $\int_2^x dx/\log^2(x)$ 대 $\mathrm{Li}(x)=\int_2^x dx/\log(x)$의 비가 영으로 다가감을 보이면 된다. 이는 좋은 미적분학 연습 문제이다.

[11] 원래의 독일어 버전과 영어 번역을 보려면 다음을 참고하라.

http://www.maths.tcd.ie/pub/HistMath/People/Riemann/Zeta/

[12] 다음과 같은 식이 성립한다.

$$\psi(X) = \sum_{p^n \le X} \log p$$

여기서 합은 X 이하인 소수의 거듭제곱 p^n에 대한 합이다.

[13] http://en.wikipedia.org/wiki/Fast_Fourier_transform을 보라.

[14] http://en.wikipedia.org/wiki/Distribution_%28mathematics%29 에 초함수에 대한 더 공식적인 정의와 취급방법이 설명되어 있다. 여기에 슈바르츠가 **초함수**distribution라는 단어를 선택한 데 대한 설명이 있다.*

"왜 우리는 'distribution'이라는 명칭을 선택했는가? 왜냐하면, 만약 μ가 측도measure라면, 즉 특별한 종류의 'distribution'이라면, 이를 우주에서 전기전하의 분포로 여길 수 있기 때문이다. 'distribution'은 더 일반적인 유형의 전기 전하들, 예를 들어 쌍극 분포나 자기 분포를 준다. 만약 우리가 점 a에

* 'distribution'이라는 단어는 함수의 일반화를 다루는 수학에서는 주로 초함수로 번역되고, 물리학이나 통계 분야에서는 (확률)분포로 번역된다. —옮긴이

위치한 자기 모멘트 M을 갖는 쌍극을 고려한다면, 우리는 쉽게 그것이 분포 $-D_M\delta_{(a)}$에 의해 정의됨을 알 수 있을 것이다. 이러한 대상들은 물리학에서 발견된다. 데니Deny의 박사논문은 유한한 에너지를 가지는 전기 분포를 소개했는데, 그것이 실제로 나타나는 유일한 것들이다. 이 대상들은 정말로 분포이며, 측도와 대응되지 않는다. 따라서 'distribution'은 매우 다른 두 측면을 가지고 있다. 그것은 함수라는 개념의 일반화이자, 우주에서 전기 전하의 분포라는 개념의 일반화이다. (…) 'distribution'에 관한 이 두 가지 해석이 현재 모두 사용되고 있다."

[15] 데이비드 멈포드는 우리에게 디랙 델타 함수에 대하여 http://en.wikipedia.org/wiki/Dirac_delta_function에 나오는 다음 단락을 독자들에게 제시할 것을 제안했다.

무한히 높이 솟은 단위 충격unit impulse 델타 함수의 무한소 공식(코시 초함수의 무한소 버전)은 1827년 오귀스탱 코시Augustin Louis Cauchy의 글에 처음으로 구체적으로 등장했다. 시메옹 드니 푸아송Siméon Denis Poisson은 파동 전파와 관련하여 그 문제를 고려했으며, 이후 구스타프 커코프Gustav Kirchhoff도 이를 연구했다. 또한 커코프와 헤르만 폰 헬름홀츠Hermann von Helmholtz는 단위 충격을 가우스 분포의 극한으로 소개했는데, 이는 또한 캘빈 경의 점 열원point heat source이라는 개념과도 대응되었다. 19세기 말에 올리버 헤비사이드Oliver Heaviside는 단위 충격을 조작하는 데에 형식적 푸리에 급수를 사용했다. 결국 폴 디랙은 1930년그의 기념비적인 『양자역학의 원리*Principles of Quantum Mechanics*』라는 책에서 디랙 델타 함수를 "편리한 표기"로 소개하였다. 디랙이 이를 "델타 함수"라 부른 이유는, 그것을 이산적인 크로네커 델타Kronecker delta의 연속적 유사물로 사용했기 때문이었다.

[16] http://en.wikipedia.org/wiki/Distribution_%28mathematics%29 에서 이야기하듯이, "일반화된 함수"는 1930년대에 세르게이 소볼레프Sergei Sobolev에 의해 소개되었다. 이후 1940년대에 로랑 슈바르츠도 이를 독립적으로 소개하였으며, 초함수에 관한 광범위한 이론을 발전시켰다.

[17] 리만 가설이 성립한다면, 그것들은 정확히 **리만 제타 함수의 "자명하지 않은" 0의 허수부분**이다.

[18] **$\psi(X)$로부터 $\Phi(t)$만들어 내기:**

간략히 말해, 양의 실수 t에 대하여 $\Psi(t)=\psi(e^t)$(그림 39.2 참고)이고,

$$\Phi(t) := e^{-t/2}\Psi'(t)$$

이다. 여기서 Ψ'은 초함수의 관점에서 $\Psi(t)$의 도함수이다. 우리는 $\Phi(t)$가 t에 관한 우함수이기를, 즉 $\Phi(-t)=\Phi(t)$이기를 요구함으로써, 이 함수를 모든 실수 변수 t까지 확장한다. 그러나 이를 좀 더 쉽게 해 보자면,

1. 변수 X를 e^t으로 치환해서 우리 계단의 X축을 변형하면 다음 함수를 얻는다.

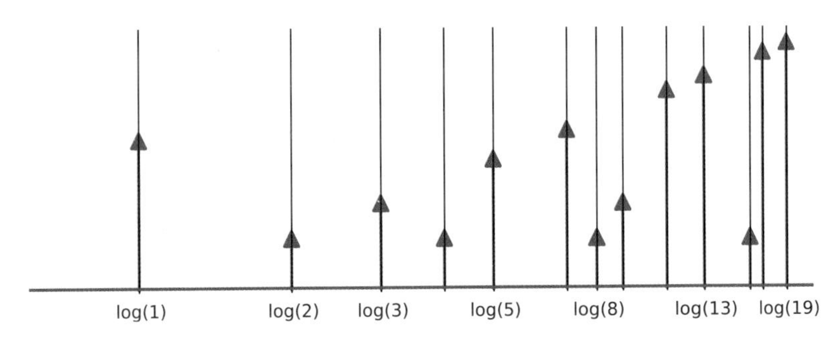

그림 39.1 $\Psi'(t)$는 소수의 거듭제곱 p^n에서 $\log(p)$에 의해 (그리고 0에서는 $\log(2\pi)$에 의해) 가중치가 주어진 디랙 델타 함수들의 (가중)합이다. 화살표가 더 높을수록 가중치가 더 크다.

$$\Psi(t) \coloneqq \psi(e^t)$$

이렇게 해도 아무런 문제가 없는 것이 원래 $\psi(X)$를

$$\psi(X) = \Psi(\log(X))$$

로부터 다시 얻을 수 있기 때문이다. 우리의 변형된 계단은 (0과) 소수의 로그의 모든 양의 정수배에서 올라간다.

2. 이제 우리는 약간 더 무지막지해 보일 수도 있는 일을 하겠다. **이 변형된 계단 $\Psi(t)$의 도함수를 취하자.** 이 도함수 $\Psi'(t)$는 소수의 로그의 모든 음이 아닌 정수배에서 받침을 갖는 **일반화된** 함수이다.
3. 이제 −정규화라는 목적을 위해− 받침에는 전혀 영향을 미치지 않는 함수 $e^{-t/2}$을 $\Psi'(t)$ 에 곱한다.

요약하자면, 위의 과정으로부터 나오는 일반화된 함수

$$\Phi(t) \coloneqq e^{-t/2}\Psi'(t)$$

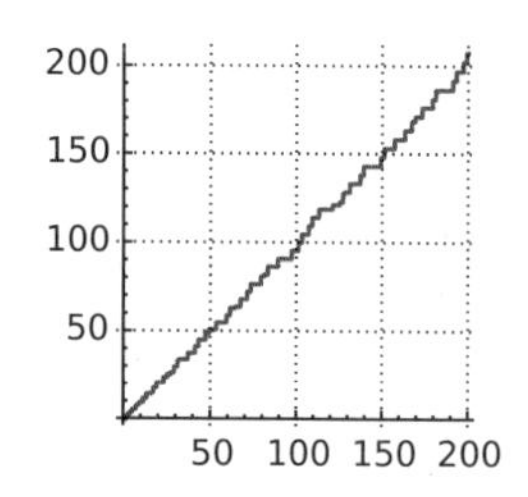

그림 39.2 19장에서 만든 가중치를 둔 소수 거듭제곱들을 세는 계단 $\psi(X)$의 그림

는 형태는 약간 다를지라도 우리가 원하는 정보(소수들의 위치)를 갖고 있다.

[19] 리만-폰 망골트 공식의 한 구체적인 버전은 우리가 여기서 보고 있는 현상들을 어느 정도 이론적으로 뒷받침해 준다. 이에 대한 논의에 대하여 앤드류 그랑빌Andrew Granville에게 감사드린다.

비록 현재 미주에서는 전반적인 설명을 할 수 없지만, 더 깊이 알고 싶은 사람들에게 도움이 될 수 있는 그랑빌의 이야기를 몇 개 적지 않을 수 없다(이 이야기들을 수정하여 아무 조건이 없을 때 어떤 일

그림 39.3 앤드류 그랑빌

이 일어나는지를 분석할 수 있다. 하지만 우리는 아래에서 리만 가설을 가정할 것이다). 이 장에서 그래프를 그리고 있는 함수 $\hat{\Phi}_{\leq C}(\theta)$는 다음과 같이 쓸 수 있다.

$$\hat{\Phi}_{\leq C}(\theta)=\sum_{n\leq C}\Lambda(n)n^{-w}$$

여기서 $w=\frac{1}{2}+i\theta$이다. 이 함수는 차례대로 (페론의 공식Perron's formula에 의해) 다음과 같이 쓸 수 있다.

$$\begin{aligned}&\frac{1}{2\pi i}\lim_{T\to\infty}\int_{s=\sigma_0-iT}^{s=\sigma_0+iT}\sum_{n}\Lambda(n)n^{-w}\left(\frac{C}{n}\right)^{s}\frac{ds}{s}\\&=\frac{1}{2\pi i}\lim_{T\to\infty}\int_{s=\sigma_0-iT}^{s=\sigma_0+iT}\sum_{n}\Lambda(n)n^{-w-s}C^{s}\frac{ds}{s}\\&=\frac{1}{2\pi i}\lim_{T\to\infty}\int_{s=\sigma_0-iT}^{s=\sigma_0+iT}\left(\frac{\zeta'}{\zeta}\right)(w+s)\frac{C^{s}}{s}ds\end{aligned}$$

여기서 우리는 σ_0이 충분히 크고, C는 소수의 거듭제곱이 아니라고 가정한다.

구체적인 공식을 유도할 때 표준적으로 쓰는 방식대로 적분의 선을 왼쪽으로 옮기고, 그 과정에서 유수residue를 끄집어내면서 계속 진행한다. $w=\frac{1}{2}+i\theta$의 값을 고정하고, 다음을 고려하자.

$$K_w(s,C):=\frac{1}{2\pi i}\left(\frac{\zeta'}{\zeta}\right)(w+s)\frac{C^{s}}{s}$$

이는

$$s=0,\quad 1-w,\quad \rho-w$$

에서 극점을 가지는데, 여기서 ρ는 $\zeta(s)$의 모든 영점이다. 각 극점에 그 특징을 나타내는 이름을 붙여 다음과 같이 다섯 가지 경우로 구분한다.

1. 특이 극점(singular pole): $s=1-w$

2. 자명한 극점(trivial pole): $\zeta(s)$의 자명한 영점 ρ에 대하여 $s=\rho-w$.

3. 진동 극점(oscillatory pole): $\zeta(s)$의 자명하지 않은 영점 $\rho=1/2+i\gamma$ $(\neq w)$에 대하여 $s=\rho-w=i(\gamma-\theta)\neq 0$.(우리가 리만 가설을 가정하고 있고, 변수 $w=\frac{1}{2}+i\theta$는 실수부가 $\frac{1}{2}$과 같은 복소수들을 지나가면서 죽 변한다는 점을 기억하자. 따라서 이 경우에 s는 순허수이다)

4. 기본 극점(elementary pole): w가 $\zeta(s)$의 자명하지 않은 영점이 아닐 때 $s=0$. 즉, 임의의 자명하지 않은 영점 ρ에 대하여 $0=s\neq\rho-w$일 때.

5. 이중 극점(double pole): w가 $\zeta(s)$의 자명하지 않은 영점일 때 $s=0$. 즉, 어떤 자명하지 않은 영점 ρ에 대하여 $0=s=\rho-w$일 때. 그런 일이 일어날 때, 이것은 실제로 이중 극점이며, 유수는 $m\cdot\log C+\epsilon$로 주어진다. 여기서 m은 영점 ρ의 중복도(항상 - 혹은 적어도 대개는- 1과 같다고 예상됨)이고, ϵ은 (ρ에는 의존하나 C에는 의존하지 않는) 상수이다.

"구체적 공식"을 위한 표준적 기법은 우리가 관심을 갖는 함수 $\hat{\Phi}_{\leq C}(\theta)$에 대한 공식을 제공해 준다. 그 공식에는 처음 세 유형의 극점들, 그리고 -존재하기만 한다면- **기초** 극점이나 **이중** 극점 각각의 유수로부터 나오는 항들이 포함되어 있다. 다음은 이 공식의 형태를 나타낸 것으로, 연상작용을 하는 용어를 이용하여 이름을 붙였다.

(1) $\hat{\Phi}_{\leq C}(\theta)=\mathrm{Sing}_{\leq C}(\theta)+\mathrm{Triv}_{\leq C}(\theta)+\mathrm{Osc}_{\leq C}(\theta)+\mathrm{Elem}_{\leq C}(\theta)$

혹은

(2) $\hat{\Phi}_{\leq C}(\theta)=\mathrm{Sing}_{\leq C}(\theta)+\mathrm{Triv}_{\leq C}(\theta)+\mathrm{Osc}_{\leq C}(\theta)+\mathrm{Double}_{\leq C}(\theta)$

w가 $\zeta(s)$의 자명하지 않은 영점이 아니라면 첫 번째, 그리고 자명하지 않은 영점이라면 두 번째 공식이 성립한다.

좋은 소식은 함수 $\mathrm{Sing}_{\leq C}(\theta)$, $\mathrm{Triv}_{\leq C}(\theta)$는 (그리고 또한 존재한다면 $\mathrm{Elem}_{\leq C}(\theta)$도) 두 변수 C와 θ에 대한 매끈한 (쉽게 묘사할 수 있는) 함수들이라는 점이다. 이는 그 함수들이 본질적인 정보가 가득한 $\zeta(s)$의 **불연속** 구조와는 관련이 없음을 뜻한다. 이 세 부분을 합쳐서 그 합을 $\mathrm{Smooth}(C, \theta)$라고 부르고, 위의 두 공식은 w가 $\zeta(s)$의 자명하지 않은 영점인지 아닌지에 따라 다음과 같이 다시 쓰자.

(1) $\hat{\Phi}_{\leq C}(\theta)=\mathrm{Smooth}(C, \theta)+\mathrm{Osc}_{\leq C}(\theta)$

혹은

(2) $\hat{\Phi}_{\leq C}(\theta)=\mathrm{Smooth}(C, \theta)+\mathrm{Osc}_{\leq C}(\theta)+m\cdot\log C+\epsilon$

이제 우리 관심을 진동항 $\mathrm{Osc}_{\leq C}(\theta)$에 집중하고, 이를 절단을 가지고 근사시킨다.

$$Osc_{w}(C, X) \coloneqq 2\sum_{|\gamma|<X}\frac{e^{i\log C\cdot(\gamma-\theta)}}{i(\gamma-\theta)}$$

이때 어떤 영점의 중복도가 m이라면, 합에서는 이를 m번 중복해서 센다. 또한, 이 공식에서 θ는 아래첨자(즉, $w=\frac{1}{2}+i\theta$)의 자격으로 강등되었다. 왜냐하면 "θ"가 상수로 유지되고 있고, 두 변수 X와 C를 서로 연관된 것으로 보기 때문이다. 우리는 오차항을 제어할 수 있도록 절단 "X"가 충분히 크기를, 이를테면 $X\gg C^2$이기를 바란다. 이 시점에서 다음과 같은 세자로 합의 "곱셈 버전"을 수행할 수 있다. —즉, 연산자

$$F(c)\longmapsto(\mathrm{C\acute{e}s}F)(C)\coloneqq\int_{1}^{C}F(c)\,dc/c.$$

이는 C가 무한대로 감에 따라 진동항이 유계이도록 강제하는 효과를 가진다.

이로부터 임의의 고정된 θ에 대하여 다음이 나온다.

- θ가 $\zeta(s)$의 자명하지 않은 영점의 허수부가 아니면, $\text{Cés}\hat{\Phi}_{\leq C}(\theta)$는 C와 무관하게 유계이다.
- θ가 $\zeta(s)$의 중복도가 m인 자명하지 않은 영점의 허수부라면, $\text{Cés}\hat{\Phi}_{\leq C}(\theta)$는 $\frac{m}{2}\cdot(\log C)^2+O(\log C)$처럼 커진다.

이는 32장의 그래프들이 보여준 놀라운 특징에 대해 이론적 확신을 준다.

[20] 이를 위한 참고문헌은 다음과 같다:

[I-K] H. Iwaniec; E. Kowalski, 『*Analytic Number Theory, American Mathematical Society Colloquium Publications,* **vol. 53**』(2004)(이 책의 참고문헌 목록도 보라).

구체적인 관계를 보는 많은 방법들이 **[I-K]**의 5장에 들어있다. 예를 들어 109쪽 연습문제 5를 살펴보자.

$$\sum_{\rho}\hat{\phi}(\rho)=-\sum_{n\geq 1}\Lambda(n)\phi(n)+I(\phi)$$

여기서

- ϕ는 컴팩트한compact 받침을 가지는 $[1, +\infty)$에서 정의된 임의의 매끈한 복소함수이다.
- $\hat{\phi}$은 ϕ의 멜린 변환Mellin transform이다.

$$\hat{\phi}(s) := \int_0^\infty \phi(x) x^{s-1} dx$$

- 우변의 마지막 항 $I(\phi)$는 (s=1에서의 극점과 "자명한 영들"로부터 온) 다음과 같다.

$$I(\phi) := \int_1^\infty \left(1 - \frac{1}{x^3 - x}\right) \phi(x) dx$$

- 등식의 좌변에 있는 더 중요한 합은 자명하지 않은 영들 ρ에 대한 합으로, ρ가 자명하지 않은 해라면 $\bar{\rho}$도 그렇다는 것을 유의하자.

물론, 이 "구체적인 공식화"를 즉시 우리가 만들고 있는 그래프들에 적용할 수는 없다. 왜냐하면 단순하게 좌변이 $G_C(x)$가 되도록 하는 함수로 $\hat{\phi}$을 택할 수는 없기 때문이다.
또한 112쪽에 있는 연습문제 7을 보라. 그 문제는 다음 합에 대해 이야기하고 있다.

$$x - \sum_{|\theta| \le C} \frac{x^{\frac{1}{2}+i\theta} - 1}{\frac{1}{2} + i\theta}$$

[21] 리만 가설이 거짓이라면, 어떻게 이 수정항들의 순서를 정하자고 제안할지가 궁금할 수 있다. 그 허수부(의 절댓값)로 순서를 정하면 된다. 그리고 별로 가능성이 없어 보이지만 같은 허수부를 가지는 0이 둘 이상인 상황에서는, 같은 허수부를 가지는 0의 실수부를 가지고 오른쪽에서 왼쪽으로 가면서 순서를 정한다.

[22] 봄비에리의 「리만 가설The Riemann Hypothesis」은 http://www.claymath.org/sites/default/files/official_problem_description.pdf에서 볼 수 있다.

그림 출처

0.1 Peter Sarnak © William Stein

0.2 Raoul Bott © Harvard University

0.3. Don Zagier © William Stein

1.1 René Descartes © RMN-Grand PalaisArt Resource, NY

1.2 "Don Quixote and his Dulcinea del Toboso" © Jean de Bosschere, from 『*The History of Don Quixote De La Mancha*』 by Miguel De Cervantes(Trans. Thomas Shelton. Constable and Company, New York, 1922)

1.3 Cicadas emerge every 17 years © Bob Peterson

5.1 Yitang Zhang © University of New Hampshire

5.2. Marin Mersenne © HIP/Art Resource, NY

10.1 Carl Friedrich Gauss © Smithsonian Libraries, Washington, D.C

10.4 A slide rule © William Stein

15.1 the dashboard of the 2013 Camero SS car © William Stein

16.2 John Edensor Littlewood © Trinity College Library

17.3 Bernhard Riemann © Archives of the Mathematisches Forschungsinstitut Oberwolfach

17.4 From a manuscript of Riemann's 1859 paper written by a contemporary of Riemann(possibly the mathematicain Alfred Clebsch) © SUB Göttingen

20.8 Jean Baptiste Joseph Fourier © Smithsonian Libraries, Washington, D.C

21.1 Rainbow coming up over a hillside © iStock.com

25.1 "Sir Isaac Newton, English mathematician and physicist, 1689. 1863, after the original by Sir Godfrey Kneller of 1689"by Thomas Barlow © SSPL/Science Museum/Art Resource, NY.//"Portrait of Gttfried Wilhelm von Leibniz."c.1700 © Smithsonian Libraries, Washington, D.C

25.10 Karl Weierstrass © Smithsonian Libraries, Washington, D.C // Laurent Schwartz © Konrad Jacobs/ Archives of the Mathematisches Forschungsinstitut Oberwolfach

26.1 Paul Adrien Maurice Dirac © Peter Lofts Photography/National Portrait Gallery, London

36.1 The definition of $R(X)$ © SUB Göttingen

36.5 Riemann's analytic formula for $\pi(X)$ © SUB Göttingen

39.3 Andrew Granville © David Imms

찾아보기

도・서・출・판・승・산・에・서・만・든・책・들

19세기 산업은 전기 기술 시대, 20세기는 전자 기술(반도체) 시대, 21세기는 **양자 기술** 시대입니다. 미래의 주역인 청소년들을 위해 양자 기술(양자 암호, 양자 컴퓨터, 양자 통신과 같은 양자정보과학 분야, 양자 철학 등) 시대를 대비한 수학 및 양자 물리학 양서를 꾸준히 출간하고 있습니다.

브라이언 그린

엘러건트 유니버스

브라이언 그린 지음 | 박병철 옮김

아름답지만 어렵기로 소문난 초끈이론을 절묘한 비유와 사고 실험을 통해 일반 독자들이 이해할 수 있도록 풀어 쓴 이론물리학계의 베스트셀러. 브라이언 그린은 에드워드 위튼과 함께 초끈이론 분야의 선두주자였으나, 지금은 대중을 위해 현대 물리학을 쉽게 설명하는 세계적인 과학 전도사로 더 유명하다. 사람들은 그의 책을 '핵심을 피하지 않으면서도 명쾌히 설명한다'고 평가한다. 퓰리처상 최종심에 오른 그의 화려한 필력을 통해 독자들은 장엄한 우주의 비밀을 가장 가까운 곳에서 보고 느낄 수 있을 것이다.

—〈KBS TV 책을 말하다〉와 《동아일보》, 《조선일보》, 《한겨레》 선정 '2002년 올해의 책'

우주의 구조

브라이언 그린 지음 | 박병철 옮김

『엘러건트 유니버스』로 저술가이자 강연자로 명성을 얻은 브라이언 그린이 내놓은 두 번째 책. 현대 과학이 아직 풀지 못한 수수께끼인 우주의 근본적 구조와 시간, 공간의 궁극적인 실체를 이야기한다. 시간과 공간을 절대적인 양으로 간주했던 뉴턴부터 아인슈타인의 상대적 시공간, 그리고 멀리 떨어진 입자들이 신비하게 얽혀있는 양자적 시공간에 이르기까지, 일상적인 상식과 전혀 부합하지 않는 우주의 실체를 새로운 관점에서 새로운 방식으로 고찰한다. 최첨단의 끈이론인 M-이론이 가장 작은 입자부터 블랙홀에 이르는 우주의 모든 만물과 어떻게 부합되고 있는지 엿볼 수 있다.

—제46회 한국출판문화상(번역부문, 한국일보사), 아 · 태 이론물리센터 선정 '2005년 올해의 과학도서 10권'

로저 펜로즈

실체에 이르는 길 1, 2

로저 펜로즈 지음 | 박병철 옮김

현대 과학은 물리적 실체가 작동하는 방식을 묻는 물음에는 옳은 답을 주지만, "공간은 왜 3차원인가?"처럼 실체의 '정체'에는 답을 주지 못하고 있다. 『황제의 새 마음』으로 물리적 구조에 '정신'이 깃들 가능성을 탐구했던 수리물리학자 로저 펜로즈가, 이 무모해 보이기까지 하는 물음에 천착하여 8년이라는 세월 끝에 『실체에 이르는 길』이라는 보고서를 내놓았다. 이 책의 주제를 한마디로 정의하자면 '물리계의 양태와 수학 개념 간의 관계'이다. 설명에는 필연적으로 수많은 공식이 수반되지만, 그 대가로 이 책은 수정 같은 명징함을 얻었다. 공식들을 따라가다 보면 독자들은 물리학의 정수를 명쾌하게 얻을 수 있다.

2011 아 · 태 이론물리센터 선정 '올해의 과학도서 10권'

마음의 그림자

로저 펜로즈 지음 | 노태복 옮김

로저 펜로즈가 자신의 전작인 『황제의 새 마음』을 보충하고 발전시켜 내놓은 후속작 『마음의 그림자』는 오늘날 마음과 두뇌를 다루는 가장 흥미로운 책으로 꼽을 만하다. 의식과 현대 물리학 사이의 관계를 논하는 여러 관점들을 점검하고, 특히 저자가 의식의 바탕이라 생각하는 비컴퓨팅적 과정이 실제 생물체에서 어떻게 발현되는지 구체적으로 소개한다. 논의를 전개하며 철학과 종교 등 여러 학문을 학제적으로 아우르는 과정은 다소의 배경지식을 요구하지만, 그 보상으로 이 책은 '과학으로 기술된 의식'을 가장 높은 곳에서 조망하는 경험을 선사할 것이다.

프린스턴 수학 & 응용 수학 안내서

프린스턴 수학 안내서 Ⅰ, Ⅱ

티모시 가워스, 준 배로우-그린, 임레 리더 외 엮음 | 금종해, 정경훈, 권혜승 외 28명 옮김

1988년 필즈 메달 수상자 티모시 가워스를 필두로 5명의 필즈상 수상자를 포함한 현재 수학계 각 분야에서 활발히 활동하는 세계적 수학자 135명의 글을 엮은 책. 1,700여 페이지(Ⅰ권 1,116페이지, Ⅱ권 598페이지)에 달하는 방대한 분량으로, 기본적인 수학 개념을 비롯하여 위대한 수학자들의 삶과 현대 수학의 발달 및 수학이 다른 학문에 미치는 영향을 매우 상세히 다룬다. 다루는 내용의 깊이에 관해서는 전대미문인 이 책은 필수적인 배경지식과 폭넓은 관점을 제공하여 순수수학의 가장 활동적이고 흥미로운 분야들, 그리고 그 분야의 늘고 있는 전문성을 조사한다. 수학을 전공하는 학부생이나 대학원생들뿐 아니라 수학에 관심 있는 사람이라면 이 책을 통해 수학 전반에 대한 깊은 이해를 얻을 수 있을 것이다.

프린스턴 응용 수학 안내서(근간)

니콜라스 하이엄 외 엮음 | 정경훈, 박민재 외 7명 옮김

2014년 출간된 『프린스턴 수학 안내서』에 이어 『프린스턴 응용 수학 안내서(The Princeton Companion to Applied Mathematics)』가 출간을 앞두고 있다. 멘체스터 대학교의 니콜라스 J. 하이엄을 비롯한 각 분야의 응용 수학 전문가들이 전작 못지않은 방대한 분량에 걸쳐 심도 있게, 때로는 위트 있게 응용 수학의 주요 개념과 흥미로운 연구 분야들, 광범위한 예제를 소개한다. 이 책은 단지 주제를 탐구하는 데 그치지 않고 응용 수학의 중요성과 응용 수학자가 무엇을 할 수 있는지까지로 독자들을 인도한다. 이 책은 이 분야의 최고 권위를 자랑하는 단행본으로서 훌륭한 응용 수학 참고서를 찾는 많은 학생, 연구원, 실무자들에게 없어서는 안 될 안내서가 될 것이며, 그들의 응용수학자로서의 삶의 지침서가 될 것이다.

리처드 파인만

파인만의 물리학 강의 Ⅰ~Ⅲ

리처드 파인만 강의 | 로버트 레이턴, 매슈 샌즈 엮음 | 박병철, 김충구, 정무광, 정재승 외 옮김

40년 동안 한 번도 절판되지 않았으며, 전 세계 물리학도들에게 이미 전설이 된 이공계 필독서, 파인만의 빨간 책. 파인만의 진면목은 바로 이 강의록에서 나온다고 해도 과언이 아니다. 사물의 이치를 꿰뚫는 견고한 사유의 힘과 어느 누구도 흉내 낼 수 없는 독창적인 문제 해결 방식이 『파인만의 물리학 강의』 세 권에서 빛을 발한다. 자신이 물리학계에 남긴 가장 큰 업적이라고 파인만이 스스로 밝힌 붉은 표지의 세 권짜리 강의록.

파인만의 여섯 가지 물리 이야기

리처드 파인만 강의 | 박병철 옮김

입학하자마자 맞닥뜨리는 어려운 고전물리학에 흥미를 잃어가는 학부생들을 위해 칼텍이 기획하고, 리처드 파인만이 출연하여 만든 강의록이다. 『파인만의 물리학 강의 Ⅰ~Ⅲ』의 내용 중, 일반인도 이해할 만한 '쉬운' 여섯 개 장을 선별하여 묶었다. 미국 랜덤하우스 선정 20세기 100대 비소설에 선정된 유일한 물리학 책으로 현대물리학의 고전이다.

—간행물 윤리위원회 선정 '청소년 권장도서'

일반인을 위한 파인만의 QED 강의

리처드 파인만 강의 | 박병철 옮김

가장 복잡한 물리학 이론인 양자전기역학을, 일반 사람들을 대상으로 기초부터 상세하고 완전하게 설명한 나흘간의 기록. 파인만의 오랜 친구였던 머트너가, 양자전기역학에 대해 UCLA에서 나흘간 강연한 파인만의 강의를 기록하여 수학의 철옹성에 둘러싸여 상아탑 깊숙이에서만 논의되던 이 주제를 처음으로 일반 독자에게 가져왔다.

발견하는 즐거움

리처드 파인만 지음 | 승영조, 김희봉 옮김

파인만의 강연과 인터뷰를 엮었다. 베스트셀러 『파인만씨, 농담도 잘하시네!』가 한 천재의 기행과 다양한 에피소드를 주로 다루었다면, 이 책은 재미난 일화뿐만 아니라, 과학 교육과 과학의 가치에 관한 그의 생각도 함께 담고 있다. 나노테크놀로지의 미래를 예견한 1959년의 강연이나, 우주왕복선 챌린저 호의 조사 보고서, 물리 법칙을 이용한 미래의 컴퓨터에 대한 그의 주장들은 한 시대를 풍미한 이론물리학자의 진면목을 보여준다. '권위'를 부정하고, 모든 사물을 '의심'하는 것을 삶의 지표로 삼았던 파인만의 자유로운 정신을 엿볼 수 있다.
—문화관광부 선정 '우수학술도서', 간행물 윤리위원회 선정 '청소년을 위한 좋은 책'

파인만의 과학이란 무엇인가

리처드 파인만 강의 | 정무광, 정재승 옮김

과학이란 무엇이며, 과학은 우리 사회의 다른 분야에 어떤 영향을 미칠 수 있을까? 파인만이 사회와 종교 등 일상적인 주제에 대해 자신의 생각을 직접 밝힌 글은, 우리가 알기로는 이 강연록 외에는 없다. 리처드 파인만이 1963년 워싱턴대학교에서 강연한 내용을 책으로 엮었다.

천재

제임스 글릭 지음 | 황혁기 옮김

『카오스』, 『인포메이션』의 저자 제임스 글릭이 쓴 리처드 파인만의 전기. 글릭이 그리는 파인만은 우리가 아는 시종일관 유쾌한 파인만이 아니다. 원자폭탄의 여파로 우울감에 빠지기도 하고, 너무도 사랑한 여자, 알린의 죽음으로 괴로워하는 파인만의 모습도 담담히 담아냈다. 20세기 중반 이후 파인만이 기여한 이론물리학의 여러 가지 진보, 곧 파인만 다이어그램, 재규격화, 액체 헬륨의 초유동성 규명, 파톤과 쿼크, 표준 모형 등에 대해서도 일반 독자가 받아들이기 쉽도록 명쾌하게 설명한다. 아울러 줄리언 슈윙거, 프리먼 다이슨, 머리 겔만 등을 중심으로 파인만과 시대를 같이한 물리학계의 거장들을 등장시켜 이들의 사고방식과 활약상은 물론 인간적인 동료애나 경쟁심이 드러나는 이야기도 전하고 있다. 글릭의 이 모든 작업에는 방대한 자료 조사와 인터뷰가 뒷받침되었다.
—2007 과학기술부 인증 '우수과학도서' 선정, 아 · 태 이론물리센터 선정 '2006년 올해의 과학도서 10권'

퀀텀맨: 양자역학의 영웅, 파인만

로렌스 크라우스 지음 | 김성훈 옮김

파인만의 일화를 담은 전기들이 많은 독자에게 사랑받고 있지만, 파인만의 물리학은 어렵고 생소하기만 하다. 세계적인 우주론 학자이자 베스트셀러 작가인 로렌스 크라우스는 서문에서 파인만이 많은 물리학자들에게 영웅으로 남게 된 이유를 물리학자가 아닌 대중에게도 보여주고 싶었다고 말한다. 크라우스의 친절하고 깔끔한 설명이 돋보이는 『퀀텀맨』은 독자가 파인만의 물리학으로 건너갈 수 있도록 도와주는 디딤돌이 될 것이다.

초끈이론의 진실

피터 보이트 지음 | 박병철 옮김

물리학계에서 초끈이론이 가지는 위상과 그 실체를 명확히 하기 위해 먼저, 표준 모형 완성에까지 이르는 100년간의 입자 물리학 발전사를 꼼꼼하게 설명한다. 초끈이론을 옹호하는 목소리만이 대중에게 전해지는 상황에서, 저자는 초끈이론이 이론 물리학의 중앙 무대에 진출하게 된 내막을 당시 시대 상황, 물리학계의 권력 구조 등과 함께 낱낱이 밝힌다. 이 목소리는 초끈이론 학자들이 자신의 현주소를 냉철하게 돌아보고 최선의 해결책을 모색하도록 요구하기에 충분하다.
—2009 대한민국학술원 기초학문육성 '우수학술도서' 선정

물리

시인을 위한 양자 물리학

리언 레더먼, 크리스토퍼 힐 공저 | 전대호 옮김

많은 대중 과학서 저자들이 독자에게 전자의 야릇한 행동에 대해 이야기하려 한다. 하지만 인간의 경험과 직관을 벗어나는 입자 세계를 설명하려면 조금 차별화된 전략이 필요하다. 『신의 입자』의 저자인 리언 레더먼과 페르미 연구소의 크리스토퍼 힐은 야구장 밖으로 날아가는 야구공과 뱃전에 부딪히는 파도를 이야기한다. 블랙홀과 끈 이론을 논하고, 트랜지스터를 언급하며, 화학도 약간 다룬다. 식탁보에 그림을 그리고 심지어 (책의 제목이 예고하듯) 시를 읊기까지 한다. 디저트가 나올 무렵에 등장하는 양자 암호 이야기는 상당히 매혹적이다.

무로부터의 우주

로렌스 크라우스 지음 | 박병철 옮김

우주는 왜 비어 있지 않고 물질의 존재를 허용하는가? 우주의 시작인 빅뱅에서 우주의 머나먼 미래까지 모두 다루는 이 책은 지난 세기 물리학에서 이루어진 가장 위대한 발견도 함께 소개한다. 우주의 과거와 미래를 살펴보면 텅 빈 공간, 즉 '무(無)'가 무엇으로 이루어져 있는지, 그리고 우주가 얼마나 놀랍고도 흥미로운 존재인지를 다시금 깨닫게 될 것이다.

퀀텀 유니버스

브라이언 콕스, 제프 포셔 공저 | 박병철 옮김

일반 대중에게 양자역학을 소개하는 책은 많이 있지만, 이 책은 몇 가지 면에서 매우 독특하다. 우선 저자가 영국에서 활발한 TV 출연과 강연활동을 하는 브라이언 콕스교수와 그의 맨체스터 대학교의 동료 교수인 제프 포셔이고, 문제 접근 방식이 매우 독특하며, 책의 말미에는 물리학과 대학원생이 아니면 접할 기회가 없을 약간의 수학적 과정까지 다루고 있다. 상상 속의 작은 시계만으로 입자의 거동 방식을 설명하고, 전자가 특정 시간 특정 위치에서 발견될 확률을 이용하여 백색왜성의 최소 크기를 계산하는 과정을 설명하는 대목은 압권이라 할 만하다.

양자 우연성

니콜라스 지생 지음 | 이해웅, 이순칠 옮김
김재완 감수

양자 얽힘이 갖는 비국소적 상관관계, 양자 무작위성, 양자공간이동과 같은 20세기 양자역학의 신개념들은 인간의 지성으로 이해하고 받아들이기 매우 어려운 혁신적인 개념들이다. 그렇지만 이처럼 난해한 신개념들이 21세기에 이르러 이론, 철학의 범주에서 현실의 기술로 변모하고 있는 것 또한 사실이며, ICT 분야에 새로운 패러다임을 제공할 것으로 기대되는 매우 중요한 분야이기도 하다. 스위스 제네바대학의 지생 교수는 이를 다양한 일상의 예제들에 대한 문답 형식을 통해 쉽고 명쾌하게 풀어내고 있다. 수학이나 물리학에 대한 전문지식이 없는 독자들이 받아들일 수 있을 정도이다.

과학의 새로운 언어, 정보

한스 크리스천 폰 베이어 지음
| 전대호 옮김

'정보'가 양자와 거시 세계를 어떻게 매개하고 있는지를 보여준다. 정보는 더이상 추상적인 개념이 아닌, 물리적인 실재라는 파격적인 주장을 펼친다. 정보 이론의 입문서로 훌륭하다.

아인슈타인의 베일

안톤 차일링거 지음 | 전대호 옮김

세계의 비밀을 감춘 거대한 '베일'을 양자이론을 통해 설명한 것으로, 어떻게 양자물리학이 시작되었는지, 양자의 세계에서 본 존재의 이유, '정보로서의 세계' 등의 내용을 담았다.

대칭

아름다움은 왜 진리인가

이언 스튜어트 지음 | 안재권, 안기연 옮김

현대 수학과 과학의 위대한 성취를 이끌어낸 힘, '대칭(symmetry)의 아름다움'에 관한 책. 대칭이 현대 과학의 핵심 개념으로 부상하는 과정을 천재들의 기묘한 일화와 함께 다루었다.

무한 공간의 왕

시오반 로버츠 지음 | 안재권 옮김

도널드 콕세터는 20세기 최고의 기하학자로, 반시각적 부르바키 운동에 대응하여 기하학을 지키기 위해 애써왔으며, 고전기하학과 현대기하학을 결합시킨 선구자이자 개혁자였다. 그는 콕세터군, 콕세터 도식, 정규초다면체 등 혁신적인 이론을 만들어 내며 수학과 과학에 있어 대칭에 관한 연구를 심화시켰다. 저널리스트인 저자가 예술적이며 과학적인 콕세터의 연구를 감동적인 인생사와 결합해 낸 이 책은 매혹적이고, 마법과도 같은 기하학의 세계로 들어가는 매력적인 입구가 되어 줄 것이다.

미지수, 상상의 역사

존 더비셔 지음 | 고중숙 옮김

이 책은 3부로 나눠 점진적으로 대수의 개념을 이해할 수 있도록 구성되어 있다. 1부에서는 대수의 탄생과 문자기호의 도입, 2부에서는 문자기호의 도입 이후 여러 수학자들이 발견한 새로운 수학적 대상들을 서술하고 있으며, 3부에서는 문자기호를 넘어 더욱 높은 추상화의 단계들로 나아가는 군(group), 환(ring), 체(field) 등과 같은 현대 대수에 대해 다루고 있다. 독자들은 이 책을 통해 수학에서 가장 중요한 개념이자, 고등 수학에서 미적분을 제외한 거의 모든 분야라고 할 만큼 그 범위가 넓은 대수의 역사적 발전과정을 배울 수 있다.

대칭: 자연의 패턴 속으로 떠나는 여행

마커스 드 사토이 지음 | 안기연 옮김

수학자의 주기율표이자 대칭의 지도책, 『유한군의 아틀라스』가 완성되는 과정을 담았다. 자연의 패턴에 숨겨진 대칭을 전부 목록화하겠다는 수학자들의 야심찬 모험을 그렸다.

대칭과 아름다운 우주

리언 레더먼, 크리스토퍼 힐 공저 | 안기연 옮김

자연이 대칭성을 가진다고 가정하면 필연적으로 특정한 형태의 힘만이 존재할 수밖에 없다고 설명된다. 이 관점에서 자연은 더욱 우아하고 아름다운 존재로 보인다. 물리학자는 보편성과 필연성에서 특히 경이를 느끼기 때문이다. 노벨상 수상자이자 『신의 입자』의 저자인 리언 레더먼이 페르미 연구소의 크리스토퍼 힐과 함께 대칭과 같은 단순하고 우아한 개념이 우주의 구성에서 어떠한 의미를 갖는지 궁금해 하는 독자의 호기심을 채워 준다.

열세 살 딸에게 가르치는 갈루아 이론

김중명 지음 | 김슬기, 신기철 옮김

재일교포 역사소설가 김중명이 이제 막 중학교에 입학한 딸에게 갈루아 이론을 가르쳐 본다. 수학역사상 가장 비극적인 삶을 살았던 갈루아가 죽음 직전에 휘갈겨 쓴 유서를 이해하는 것을 목표로 한 책이다. 사다리타기나 루빅스 큐브, 15 퍼즐 등을 활용하여 치환을 설명하는 등 중학생 딸아이의 눈높이에 맞춰 몇 번이고 친절하게 설명하는 배려가 돋보인다.

수학 & 인물

수학자가 아닌 사람들을 위한 수학

모리스 클라인 지음 | 노태복 옮김

수학이 현실적으로 공부할 가치가 있는 학문인지 묻는 독자들을 위해, 수학의 대중화에 힘쓴 저자 모리스 클라인은 어떻게 수학이 인류 문명에 나타났고 인간이 시대에 따라 수학과 어떤 식으로 관계 맺었는지 소개한다. 그리스부터 현대에 이르는 주요한 수학사적 발전을 망라하여, 각 시기마다 해당 주제가 등장하게 된 역사적 맥락을 깊이 들여다본다. 더 나아가 미술과 음악 등 예술 분야에 수학이 어떤 영향을 끼쳤는지 살펴본다. 저자는 다음과 같은 말로 독자의 마음을 사로잡는다. "수학을 배우는 데 어떤 특별한 재능이나 마음의 자질이 필요하지는 않다고 확신할 수 있다. (…) 마치 예술을 감상하는 데 '예술적 마음'이 필요하지 않듯이."
—2017 대한민국학술원 '우수학술도서' 선정

유추를 통한 수학탐구

P.M. 에르든예프, 한인기 공저

수학은 단순한 숫자 계산과 수리적 문제에 국한되는 것이 아니라 사건을 논리적인 흐름에 의해 풀어나가는 방식을 부르는 이름이기도 하다. '수학이 어렵다'는 통념을 '수학은 재미있다!'로 바꿔주기 위한 목적으로 러시아, 한국 두 나라의 수학자가 공동저술한, 수학의 즐거움을 일깨워주는 실습서이다.

경시대회 문제, 어떻게 풀까

테렌스 타오 지음 | 안기연 옮김

필즈상 수상자이자 세계에서 아이큐가 가장 높다고 알려진 수학자 테렌스 타오가 전하는 경시대회 문제 풀이 전략! 정수론, 대수, 해석학, 유클리드 기하, 해석 기하 등 다양한 분야의 문제들을 다룬다. 문제를 어떻게 해석할 것인가를 두고 고민하는 수학자의 관점을 엿볼 수 있는 새로운 책이다.

무한의 신비

아미르 D. 악젤 지음 | 신현용, 승영조 옮김

'무한'은 오랜 기간 인간의 지적 능력으로 이해하기 어려운 일종의 종교적 대상이었다. 이 책은 무한이라는 세계에 매료되어 일생을 바친 수학자, 게오르크 칸토어의 삶과 함께 풀어가는 무한의 수학사이다. 또한 칸토어와 동시대에 현대 해석학을 발전시킨 리만, 바이어슈트라스 등의 업적과 칸토어 이후 무한을 탐구하는 데 기여한 러셀, 괴델, 코언 등의 업적을 골고루 소개한다.

무리수

줄리언 해빌 지음 | 권혜승 옮김

무리수와 그에 관련된 문제 해결에 도전한 수학자들의 이야기를 담았다. 무리수에 대한 이해가 심화되는 과정을 살펴보기 위해서는 반드시 유클리드의 『원론』을 참조해야 한다. 그중 몇 가지 중요한 정의와 명제가 이 책에 소개되어 있다. 이 책의 목적은 유클리드가 '같은 단위로 잴 수 없음'이라는 개념에 대한 에우독소스의 방법을 어떻게 증명하고 그것에 의해 생겨난 문제들을 효과적으로 다루었는지를 보여주는 데 있다. 저자가 소개하는 아이디어들을 따라가다 보면 무리수의 역사를 이루는 여러 결과들 가운데 몇 가지 중요한 내용을 상세히 이해하게 될 것이며, 순수 수학 발전 과정에서 무리수가 얼마나 중요한 부분을 담당하는지 파악할 수 있을 것이다.

불완전성: 쿠르트 괴델의 증명과 역설

레베카 골드스타인 지음 | 고중숙 옮김

지난 세기 가장 위대한 수학적 지성 가운데 한 명인 쿠르트 괴델의 삶을 철저하게 파헤친 매혹적인 이야기. 괴델의 삶에서 잘 추려낸 에피소드들을 교묘히 엮어서 그의 가장 경이로운 위업, 즉 참이면서도 증명 불가능한 명제가 존재한다는 사실에 대한 증명을 놀랍도록 쉽게 풀어낸다. 역량있는 소설가이자 철학자인 레베카 골드스타인을 통해 괴델의 천재성과 편집증에 빠져 살았던 인간적 고뇌가 잘 드러난다.

—간행물 윤리위원회 선정 '청소년 권장도서', 2008 과학기술부 인증 '우수과학도서' 선정

괴델의 증명

어니스트 네이글, 제임스 뉴먼 지음 | 곽강제, 고중숙 옮김

《타임》지가 선정한 '20세기 가장 영향력 있는 인물 100명'에 든 단 2명의 수학자 중 한 명인 괴델의 불완전성 정리를 군더더기 없이 간결하게 조명한 책. 괴델은 '무모순성'과 '완전성'을 동시에 갖춘 수학 체계를 만들 수 없다는, 즉 '애초부터 증명 불가능한 진술이 있다'는 것을 증명하였다. 『괴델, 에셔, 바흐』의 호프스테터가 서문을 붙였다.

뷰티풀 마인드

실비아 네이사 지음 | 신현용, 승영조, 이종인 옮김

존 내쉬는 경제학의 패러다임을 바꾼 수학자로서 이미 20대에 업적을 남기고 명성을 날렸지만, 그 후 반평생을 정신분열증에 시달리며, 주변 사람들을 괴롭히고 스스로를 파괴하며 살았던 광인이자 기인이었다. 이 책은 천재의 광기와 회복에 이르는 과정을 통해 인간 정신의 신비를 그렸다. 영화 〈뷰티풀 마인드〉의 원작 논픽션이다.

—간행물 윤리위원회 선정 '우수도서', 영화 〈뷰티풀 마인드〉 오스카상 4개 부문 수상

너무 많이 알았던 사람

데이비드 리비트 지음 | 고중숙 옮김

오늘날 앨런 튜링은 정보과학과 인공지능의 창시자로 간주된다. 튜링은 '결정가능성 문제'를 해결하고자 '튜링 기계'를 고안하여 순수수학의 머나먼 영토와 산업계를 멋들어지게 연결하는 다리를 놓았다. 데이비드 리비트는 소설가다운 필치로 2차 세계대전 참가와 동성애 재판 등으로 곡절 많았던 튜링의 삶을 우아한 문장을 통해 그려낸다.

우리 수학자 모두는 약간 미친 겁니다

폴 호프만 지음 | 신현용 옮김

지속적인 아름다움과 지속적인 진리의 추구. 폴 에어디쉬는 이것이 수학의 목표라고 보았으며 평생 수학이라는 매력적인 학문에 대한 탐구를 멈추지 않았다. 이 책은 83년간 하루 19시간씩 수학 문제만 풀고, 485명의 수학자들과 함께 1,475편의 수학 논문을 써낸 20세기 최고의 전설적인 수학자 폴 에어디쉬의 전기이다. 호프만은 에어디쉬의 생애와 업적을 풍부한 일화를 중심으로 생생히 소개한다.

—한국출판인회의 선정 '이달의 책', 론-폴랑 과학도서 저술상 수상

라이트 형제

데이비드 매컬로 지음 | 박중서 옮김

퓰리처 상을 2회 수상한 저자 데이비드 매컬로는 미국사의 주요 사건과 인물을 다루는 데 탁월한 능력을 보유한 작가이다. 그가 라이트 형제의 삶을 다룬 전기를 내놓았다. 저자는 라이트 형제가 비행기를 성공적으로 만들어내기까지의 과정을 묘사하는 데 라이트 형제 관련 문서에 소장된 일기, 노트북, 그리고 가족 간에 오간 1천 통 이상의 편지 같은 풍부한 자료를 활용했다. 시대를 초월한 중요성을 지녔고, 인류의 성취 중 가장 놀라운 성취의 하나인 비행기의 발명을 '단어로 그림을 그린다'고 평가받는 유창한 글솜씨로 매끄럽게 풀어낸다. 그의 글을 읽어나가면 라이트 형제의 생각과 고민, 아이디어를 이끌어내는 방식, 토론하는 방식 등을 자연스럽게 배울 수 있다.

—2015년 5월~2016년 2월 《뉴욕타임즈》 베스트셀러, 2015년 5월~7월 논픽션 부분 베스트셀러 1위

소수와 리만 가설

1판 1쇄 인쇄 2017년 6월 20일
1판 2쇄 발행 2019년 5월 1일

지은이 배리 메이저, 윌리엄 스타인
옮긴이 권혜승
펴낸이 황승기
마케팅 송선경
편집 서규범, 박지혜, 김병수, 김희진

본문 디자인 서규범
표지 디자인 김슬기

펴낸곳 도서출판 승산
등록날짜 1998년 4월 2일
주소 서울시 강남구 테헤란로34길 17 혜성빌딩 402호
전화 02-568-6111
팩스 02-568-6118
전자우편 books@seungsan.com

ISBN 978-89-6139-064-4 93410

이 도서의 국립중앙도서관 출판시도서목록(CIP)은
서지정보유통지원시스템 홈페이지(http://seoji.nl.go.kr)와
국가자료공동목록시스템(http://www.nl.go.kr/kolisnet)에서
이용하실 수 있습니다. (CIP제어번호: CIP2017012531)